Eva-Maria Panzer

Public Relations im Tourismus

Inhalt

Einleitung

Inmitten von Werbeüberflutung und einem Medienwachstum, das sich ins Unermessliche bewegt, wird der Stellenwert von kluger und professioneller Public Relations nach wie vor unterschätzt. Während Werbung meist nur kurzlebig ist und auf schnellen Erfolg sowie sofortigen Kaufdrang zielt, funktioniert Public Relations, sofern von ausgebildeten Personen mit dem entsprechenden Sachverstand ausgeführt, langfristiger und zeichnet sich durch tiefgehende Wirkkraft aus.

Leider haben viele Unternehmen, speziell im touristischen Bereich, dies noch nicht erkannt. Noch immer fließt verhältnismäßig viel Geld in die Werbung und ins Marketing, während die Public Relations, obwohl der Mehrwert manchmal unübersehbar ist, oftmals mit beschränkten (finanziellen) Mitteln auskommen muss. Meine persönlichen Beobachtungen haben gezeigt, dass PR in vielen Fällen an Laien delegiert wird, die über keinerlei Ausbildung in diesem Bereich verfügen, ihre Medienmärkte nicht kennen, nicht wissen, wie Journalismus, vor allem in der Tourismusbranche, funktioniert, und die sich damit oft selbst im Wege stehen. Unternehmen, die hier sparen, tun sich wahrhaftig keinen Gefallen.

Im vorliegenden Fachbuch beleuchte ich eine Auswahl von Aspekten der Tourismus-PR, gebe Tipps und Anleitungen an PR-Verantwortliche weiter, die in erster Linie bei touristischen Unternehmen, sei es bei Reiseveranstaltern, Hotelketten, Fluglinien oder Fremdenverkehrsbüros, arbeiten und sich dieses «weite Feld» detaillierter erschließen möchten. Zudem wird Studenten, Schülern und Auszubildenden von Tourismus- oder Hotelfachschulen sowie PR-Beratern in Ausbildung hier ein Einblick in die Arbeitsfelder dieses spannenden, aber auch komplexen Berufsfeldes gewährt, und sie erhalten eine Entscheidungshilfe bei der Schwerpunktvertiefung ihrer Berufsausrichtung. Damit soll zu einem professionelleren Verständnis von PR und der Abhebung zu Werbung beigetragen werden. Es soll gezeigt werden, wie PR-Kooperationen mit anderen touristischen Unternehmen eingegangen und Pressereisen geregelt werden und wie der Umgang mit Reisejournalisten gepflegt wird. Dabei versuche ich die Theorie so weit als möglich in den Hintergrund zu stellen und mich in erster Linie den Haupterkenntnissen aus meiner zehnjährigen Berufspraxis in der Tourismus-PR zu widmen. Es handelt sich hier also um ein Aufzeigen von Aspekten aus der Praxis für die Praxis.

Eva-Maria Panzer

1. Public Relations – ein wichtiger Faktor im Marketingmix der Touristikbranche

Die Reisebranche gehört in vielen Ländern zu den wichtigsten Wirtschaftszweigen, und die existenzielle Bedeutung des Marketings für Überleben und Erfolg der Unternehmen in der Touristik ist heute unbestritten. Leider ist sehr oft festzustellen, dass Public Relations innerhalb des Marketingmixes nach wie vor zu wenig Bedeutung zugemessen wird – sei es, dass man sich der schlagkräftigen Wirkweise der PR nicht bewusst ist, sei es, dass man nach wie vor der Verkaufsförderung und Werbung oberste Priorität beimisst. Dabei wird leicht vergessen, dass mit nicht vorhandener oder unprofessioneller PR auf ein wichtiges Marketinginstrument verzichtet wird und Unternehmen mittelfristig die Chance verschenken, positiv im Gedächtnis von – auch potenziellen – Kunden haften zu bleiben. Vor dem Marketingkarren geschickt eingesetzt, kann das Zugpferd Public Relations Wunder wirken.

In vielen Fällen zeigt sich, dass oftmals zwischen Werbung und PR, auch wenn sie beide zweifelsohne zum

Marketingmix-Faktor «Kommunikationspolitik» gehören, keine Trennlinie gezogen wird, da man sich nicht im Klaren über die unterschiedlichen Bedeutungen und Wirkweisen ist. Obwohl sich die Mittel, derer sie sich bedienen, teilweise ähneln, liegen die großen Unterschiede grundsätzlich in der Zielsetzung und in den angesprochenen Zielgruppen.

Während die Werbung und die Verkaufsförderung in erster Linie darauf gerichtet sind, den Absatz des jeweiligen Produktes oder Leistungsangebotes am Markt sicherzustellen, geht es bei Public Relations mit Vorrang darum, nicht nur für einzelne Produkte, sondern für das Unternehmen als Institution eine Atmosphäre des Vertrauens auf der Grundlage des positiven Bildes, das die Öffentlichkeit vom Unternehmen gewonnen hat, entstehen zu lassen. PR erzielt durch Kommunikation einen Sympathieeffekt, steigert den Bekanntheitsgrad, wirkt positiv auf die Glaubwürdigkeit des Unternehmens, kann die öffentliche Meinung ändern und mögliche Distanzen zwischen Unternehmen und ihren Zielgruppen abbauen. So beeinflusst PR die positive Kaufentscheidung auf ganz anderem Weg als die Werbung. Werbung als Medium – und das ist ja durchaus gewollt – überzeichnet, übertreibt, malt schwarz-weiß, und kaum jemand glaubt das, was tagtäglich in der Werbung verbreitet wird. Redaktionelle Texte besitzen demgegenüber eine wesentlich höhere Glaubwürdigkeit und Seriosität.

Während sich die Zielgruppen der Werbung durch soziodemografische (Einkommen, Alter, Geschlecht, Schulbildung, Familienstand und so weiter) oder nach psycholo-

gischen Merkmalen zu einer klaren Käuferschicht defi-
nieren, gehören zu den Zielgruppen der PR alle Öffentlichkeiten wie Meinungsbildner, Medien, Kunden, die Bevölkerung allgemein, Institutionen, Verbände sowie die
eigenen Mitarbeiter.

Da es sich hier also um eine weitaus vielschichtigere
Zielgruppe handelt, die unterschiedlich in Bedeutung,
Meinung, Hintergrundwissen und Einflussstärke ist, ist
deren Ansprache oftmals auch schwieriger als in der Werbung. Die Wirkdauer der Werbung bei der von ihr ange-
strebten Zielgruppe ist meist kurz- oder mittelfristig, während PR meist nur langfristig die geistige Einstellung von
Öffentlichkeiten verändern kann.

Public Relations sollte man nicht als Schleichwerbung
oder als Mittel verstehen, um kurzfristig den Verkauf anzu-
kurbeln. Im Gegensatz zur Werbung fördern Public Relations den Absatz indirekt, weil sie eine positive Stimmung
gegenüber dem Unternehmen und seinen Produkten
schaffen. Wird PR zu sehr mit Werbung verquickt, können
gewisse PR-Grundsätze leicht verloren gehen; das Unternehmen gibt dabei oft seinen guten Namen her und erzielt
doch nur einen schwer reparablen Vertrauensverlust. Deshalb ist es auch völlig unverständlich, wenn viele Unternehmen dem Marketingreferenten oder dem Werbeverant-
wortlichen die Public Relations mit aufs Auge drücken.
Werden beide Bereiche in Personalunion geführt, birgt das
die große Gefahr, dass einiges vermischt wird, was nicht
zusammengehört. Deswegen sind getrennt geführte Wer-
be- und PR-Abteilungen stets von Vorteil.

Je erfolgreicher die PR-Arbeit in ihrem Bemühen um ein profiliertes Firmenimage ist, desto besser sind die Voraussetzungen für eine glaubhafte und überzeugende Positionierung der Produkte in den für sie vorgesehenen Marktsegmenten. Die speziell marktgerichteten Aktivitäten eines Unternehmens fallen somit auf einen fruchtbareren Boden.

Alwin Münchmeyer, früherer Präsident des Deutschen Industrie- und Handelstages, brachte den Unterschied zwischen PR und Werbung auf folgenden Nenner: «Wenn ein junger Mann ein Mädchen kennenlernt und ihr erzählt, was für ein großartiger Kerl er sei, so ist das Reklame. Wenn er ihr sagt, wie reizend sie aussähe, ist das Werbung. Wenn sie sich aber für ihn entscheidet, weil sie von anderen gehört hat, er sei ein feiner Kerl, so ist das Public Relations.»

Wer im Bereich PR nichts unternimmt, öffnet zudem seinen Mitbewerbern die Chance, Marktanteile für sich zu gewinnen. Die mangelhafte Präsenz eines Unternehmens oder eines Produktes wird im Verbraucherdenken häufig mit fehlender Fachkompetenz gleichgesetzt und hat auch früher oder später negative Folgen für den Umsatz. Gleichwohl hört man sehr oft den Satz: «Wir zahlen doch einiges für Werbeanzeigen, warum sollen wir dann auch noch Pressearbeit machen?»

Während die Welt nicht zuletzt aufgrund eines fast grenzenlosen Tourismus immer mehr zusammenwächst, ist es für touristische Unternehmen unabdingbar, sich im großen Konzert der Anbieter ein eindeutiges Image zu schaffen und klar von den Mitbewerbern abzuheben.

Eine konzeptionelle und langfristige PR-Arbeit zahlt sich nicht zuletzt auch in Zeiten der Krise aus. Problemen, wie politisch unsichere Länder, Terrorismus und Naturkatastrophen, Faktoren, die in der Reisebranche eine immer größere Rolle spielen, kann nicht mit «Schönwetter-PR» oder kurzfristigen Schnellschuss-Aktionen begegnet werden. Genau hier zeigt sich, wer vorausdenkend agiert und sein Unternehmen mit einer professionellen PR-Abteilung ausstattet.

2. Ein schillernder Beruf

2.1. PR-Tante oder PR-Fritze – seriös?

Ähnlich wie beim Journalisten, dem «Pendant» der PR-Person, wird das Berufsbild des PR-Managers immer wieder mit einem Fragezeichen versehen. Zu schwammig, undurchsichtig und nicht greifbar sind Attribute, die meist in diesem Zusammenhang genannt werden und von geringer gesellschaftlicher Akzeptanz zeugen.

Tatsächlich rührt es wohl aus dem Umstand, dass heutzutage jeder meint, ein bisschen PR machen und ohne Vorkenntnisse und Ausbildung in diesem Bereich tätig werden zu können. Es gibt wohl kaum eine Berufsgattung, in der sich derart viele Schaumschläger, Möchtegerns und Pseudos herumtreiben. Sie schädigen den Ruf der Public Relations und sorgen stets für negative Assoziationen. Daher rühren wohl auch die in den meisten Fällen zwar liebevoll gemeinten, aber dennoch oft abschätzigen Bezeichnungen wie «PR-Tante» oder «PR-Fritze» (das geht dem «Zeitungsfritzen» nicht anders), die selbst von Kollegen im eigenen Unternehmen so verwendet werden.

Natürlich spiegelt sich hier auch eine gewisse Unkenntnis darüber wider, was denn diese «PR-Tante» so den ganzen Tag lang macht. Im Zweifelsfalle steht sie nur auf Cocktailempfängen herum, genießt gerade ein Fünfgang-dinner im Edelrestaurant, hält stundenlang Small Talk am Telefon mit irgend so einem Zeitungsmenschen oder be-findet sich auf Pressereise in der Karibik.

Ich habe mehrmals erleben müssen, dass Arbeitskolle-gen überhaupt erst nach einigen Jahren verstanden, was ich für Aufgaben hatte, und dann ganz erstaunt waren, was sich alles hinter Public Relations verbergen kann. «Ach, so viele verschiedene Aspekte fallen in deinen Bereich, das ist ja in-teressant», bekam ich dann manchmal zu hören und war selbst erstaunt, wie wenig die Kollegen Tür an Tür von die-sem Arbeitsgebiet wussten.

Problematisch ist auch, dass gerade im Tourismus und in der Hotellerie mal ganz schnell ein einfacher Sachbear-beiter zum PR-Manager ernannt wird, und das, obwohl er weder kreativ schreiben kann noch über kommunikative Fähigkeiten verfügt und – nur folgerichtig – keinerlei Aus-bildung im Bereich Public Relations genossen hat. Nur am Rande sei in diesem Zusammenhang vermerkt, dass es wohl kaum eine Branche gibt, die über eine derart große Titelvielfalt verfügt und den mehr Schein-als-Sein-Wahn bis ins Unendliche fördert – hier ist fast jeder ein *Senior Executive Director of Everything*. «Das bisschen PR kann doch der Hans Meier gut mitmachen – der redet doch viel…»

Die Schuld ist hier sicherlich nicht dem Sachbearbeiter zu geben, der sich verständlicherweise über seine Beförde-rung freut und den neu erworbenen Titel mit Stolz trägt (klingt ja auch nicht schlecht), sondern den Vorgesetzten,

15

die hier unüberlegt handeln und sich nicht im Klaren darüber sind, dass PR in Profihände gehört. Dieser Schnellschuss geht oftmals nach hinten los.

Genau an dieser Stelle sparen Touristikunternehmen zu viel und wählen mit Vorliebe eine «billige» Variante. Lieber werden große Summen in den Verkauf gesteckt, denn dort werden Zahlen und Fakten auf den Tisch gebracht, können Aufwendungen und Erlöse gegeneinander gestellt werden, und die Sales-Maschinerie wird gefüttert. Dass die PR-Person eine der wichtigsten Sales-Mitarbeiter ist, wird in vielen Fällen übersehen. Die niedrigen Summen, die teilweise im Public-Relations-Bereich budgetiert werden, während der Verkauf kräftig gestärkt wird, sprechen für sich und würden manchen erstaunen.

Befragt man PR-Verantwortliche, wie sie denn in ihre Position gekommen seien, erfährt man die spannendsten Geschichten. Natürlich gibt es jede Menge Quereinsteiger, die sich mit Haut und Haar in das Thema stürzen und erfolgreiche Öffentlichkeitsarbeit betreiben – wer die Public Relations aber gezielt von der Pike auf erlernen will und an sich selbst hohe Qualitätsansprüche stellt, kann inzwischen unter vielen Ausbildungs- und Weiterbildungsmöglichkeiten wählen. Es muss ja nicht gleich ein Studium der Kommunikationswissenschaften oder des Journalismus sein, es gibt auch Kompaktseminare, berufsbegleitende Abendkurse oder Kurzseminare zu spezifischen Themen, mit denen man sich das nötige Wissen und gewisse Fähigkeiten aneignen kann.

Im Sinne des Unternehmens sollten Chefs die Ambitionen des PR-Mitarbeiters, sich weiterzubilden, in jedem Fall unterstützen beziehungsweise auch von sich aus designierte PR-Leute mit wenig Erfahrung in Weiterbildungskurse schicken.

Eine vollständige Liste der Ausbildungsanbieter gibt es nicht, aber die jeweiligen Public-Relations-Gesellschaften der deutschsprachigen Länder, wie zum Beispiel die Deutsche Public Relations Gesellschaft (DPRG), bieten umfassende Informationen dazu an. So findet man unter www.dprg.de oder auch www.prportal.de eine ganze Liste von Instituten, die berufsbegleitend PR-Kurse anbieten. Zu nennen wäre hier auch das Institut der «Frankfurter Allgemeinen Zeitung» (www.faz-institut.de), das Kurse von «Die Entwicklung von PR-Konzepten» über «Kommunikatives Verhalten für Öffentlichkeitsarbeiter» bis hin zu «Souveräner Medienauftritt in der Krise» anbietet und ein ganzes Spektrum an Seminaren zu Kommunikation, Arbeitstechniken und PR im Programm führt.

Unter www.spri.ch, der Homepage des Schweizerischen Public Relations Instituts, sind entsprechende Kurse und Angebote in der Schweiz zu finden. Im Übrigen sind es gerade die Public-Relations-Gesellschaften der Länder, die für das Ansehen und die Professionalisierung des PR-Berufes kämpfen und zum Beispiel allgemeingültige Ausbildungsstandards und Qualitätsmaßstäbe in der Weiterbildung setzen.

Angesichts der dynamischen Entwicklung des Kommunikationsmarktes und des damit einhergehenden Bedarfs an hochqualifizierten Fachkräften (schätzungsweise

40 000 bis 50 000 Personen sind allein in Deutschland im Bereich Public Relations tätig), sind Gradmesser wie systematische Ausbildung, Berufsethik oder geregelter Berufseintritt unabdingbar für die Seriosität der PR-Berufe. Nur so kann überhaupt die «PR-Tante» oder der «PR-Fritze» im eigenen Unternehmen, aber auch in den Medien auf volle Anerkennung stoßen.

2.2. Soft Skills und was sonst noch zählt

Neben dem theoretischen Wissen aus Hochschulen, Kursen und Büchern und der so immens wichtigen praktischen Erfahrung aus dem alltäglichen Berufsleben, gibt es einige Eigenschaften, sogenannte Soft Skills, über die jeder PR-Schaffende verfügen sollte und die nicht zu unterschätzen sind. Fähigkeiten, die vielleicht bei anderen Berufsgattungen nicht so sehr eine tragende Rolle spielen, sind in der Touristik ein absolutes Muss!

Soft Skills, zu Deutsch «weiche Fähigkeiten» (manchmal auch «Heartskills» genannt), bezeichnen das Wissen um den Umgang mit Menschen und Entscheidungen, wobei es weniger um den Intelligenzquotient (IQ) als vielmehr um den Grad der emotionalen Intelligenz (EQ) geht.

Grundlage für die Bildung und Entwicklung der Soft Skills ist die Achtsamkeit. Die Fähigkeit, eigene Stimmungen und Stimmungsnuancen sowie die unserer Mitmenschen wahrzunehmen, ist von der Qualität des Wahrnehmungsvermögens abhängig. Für das Verständnis von Charaktereigenschaften und Handlungsweisen von Mitmenschen sind die nonverbalen Kommunikationsinhalte unerlässlich. Wichtig in der Alltagskommunikation ist weniger, *was* gesagt wird, sondern mehr, *wie* es gesagt wird. Doch nicht jeder hat die Fähigkeit, auch zwischen den (gesprochenen) Zeilen zu lesen. Hier einige Schlagwörter, die meist im Zusammenhang mit Soft Skills genannt werden:

- Charisma
- Empathie
- Menschenkenntnis
- Einfühlungsvermögen
- Kreativität
- Neugier
- Eigenverantwortung
- Teamfähigkeit
- Urteilsvermögen
- Umgangsstil
- Zeitmanagement
- Organisationstalent

Es ist in diesem Zusammenhang nicht notwendig, diese Punkte im Einzelnen zu erläutern. Sie zu nennen halte ich aber für ausgesprochen wichtig, da mir immer wieder PR-Personen begegnen, die zwar ihr Produkt genau kennen und darüber ausgezeichnet Auskunft geben können, aber darüber hinaus sich als ausgesprochene Fachidioten und Stockfische erweisen, kurz gesagt als Langweiler. Dies passt schlichtweg nicht zur Touristik, einer äußerst lebhaften und dynamischen Branche, in der Träume von aufregenden Destinationen und fremden Kulturen für die «schönste Zeit des Jahres», nämlich den Urlaub, verkauft werden.

PR-Schaffende sind in diesem so wichtigen Wirtschaftszweig Allrounder, die zeitweise als Tausendsassa durch die Gegend jetten und sich als Reiseleiter, «Pausenclown» und Round-the-clock-Animateur um das Wohlergehen der Presse kümmern. Bei Cocktailpartys, Events, Messen, Dinner und vor allem auf Pressereisen (auf dieses Thema komme ich noch ausführlicher ab Seite 72 zurück) verbringt man sehr viel Zeit mit Journalisten, lernt sie besser kennen und muss grundsätzlich offen und an anderen Menschen interessiert sein. («Interessierte Menschen sind interessante Menschen» – ein wichtiger Satz in der Lebensphilosophie eines PR-Schaffenden). Über das touristische Produkt wird meist nur beiläufig gesprochen; was zählt, ist der persönliche Zugang zum Journalisten und Gespräche über Gott und die Welt, wofür man allerdings ohne ausgesprochen große Allgemeinbildung nur schwer über die Runden kommt, da Reisejournalisten viel gereist und meist gebildet sind.

Und auch die Kunst der kleinen Unterhaltung, der Small Talk, will gelernt sein. Krampfhaftes Klammern ans Weinglas, verzweifeltes Suchen nach einem Gesprächsthema, dazwischen ein verlegenes «Ähem» nach dem anderen schaffen keine angenehme Atmosphäre und erschweren die Kontaktaufnahme. Touristik-Chefs, die neue

Mitarbeiter einstellen, bzw. Interessenten, die anstreben, sich in dieser Branche im Public-Relations-Bereich zu engagieren, sollten derart grundlegend wichtige Aspekte nicht übersehen.

3. Lass die Schrotflinte im Schrank

Bei der heutigen Flut an Publikationen ist es für einen PR-Profi im Tourismus von großer Bedeutung, den Medienmarkt und damit seine Zielgruppen genau zu kennen. Das klingt selbstverständlich, ist es aber nicht immer. Der Schein, man habe es lediglich nur mit einigen Tourismusfachzeitschriften und Reisemagazinen zu tun, trügt. Tatsächlich ist das Gegenteil der Fall: Die Zahl der Medien, die – wenn auch nur im entferntesten Sinne – aus der Welt des Tourismus berichten, ist endlos. Das Spektrum reicht vom «Handelsblatt» über die «Frankfurter Allgemeine Zeitung» bis hin zur kleinsten Tageszeitung, vom «Stern» über die «Brigitte» bis hin zur «Vogue», von «Voxtours» über die «ARD Reisezeit» zur SWR-Reisesendung, von «Abenteuer & Reisen» über die «Süddeutsche Zeitung» bis hin zu «Fit for Fun» – wahrlich ein weites Feld.

So unterschiedlich die Medien, so unterschiedlich auch die Anfragen. «Bravo» schreibt einen Beitrag über Ausbildungsmöglichkeiten für Jugendliche im Tourismus, den «Financial Times»-Journalisten interessieren die Ergebnisse der letzten Bilanz-Pressekonferenz, der «Tages-Anzeiger» aus Zürich recherchiert für einen Reisebericht über Jordanien, während die «Freundin» nach aktuellen Honeymoon-packages fragt. SAT1 sucht ein Hotel, in dem Dreharbeiten für die nächste Soap stattfinden könnten, der «Beobachter» bereitet einen Artikel über Sicherheit im Urlaub vor, die «Berliner Zeitung» stellt für ihre Leser eine Schiffkreuzfahrt auf dem Nil zusammen, und eine Hotelfachzeitschrift hinterfragt die Bettenqualität in 5-Sterne-Hotels.

Je unterschiedlicher die Zielgruppen und somit die Interessensgebiete der Journalisten, desto differenzierter muss der Presseverteiler angelegt sein, um wirklich sämtliche Pressemitteilungen und News zielgruppenspezifisch zu verteilen. Um zu verhindern, dass der Finanzjournalist mit fachfremden Themen und die Frauenzeitschrift mit Zahlen zugeschüttet werden, müssen die Mediengruppen im Verteiler unbedingt sinnvoll unterteilt werden, zum Beispiel folgendermaßen:

* Tageszeitungen
* Wochenzeitungen
* Lokale Zeitungen
* Wirtschaftsmagazine
* Tourismusfachzeitschriften
* Reisemagazine
* Frauenzeitschriften
* Lifestylemagazine
* Geschäftsreisemagazine

Diese müssen wiederum in die jeweiligen Redaktionssparten (Reiseredaktion, Wirtschaftsredaktion oder Lokalredaktion) gesplittet werden, damit das Verteilermanagement einer Pressestelle reibungslos und zielgerecht funktioniert.

So kann ganz schnell und praktisch die jeweilige Empfängergruppe für die aktuellsten News zusammengestellt werden. Nichts ärgert einen Journalisten mehr, als wenn er nach dem Schrotflintenprinzip einfach mit jeglichen Themen belästigt wird, die rein gar nichts mit seinem Ressort zu tun haben. Der Weg in den Papierkorb ist damit nämlich vorprogrammiert.

Um sich den Medienmarkt für die Tourismusbranche besser zu erschließen und um zu wissen, welcher Redakteur für was in welcher Redaktion zuständig ist, gibt es einige Hilfsmittel, an denen man nicht vorbeikommt und ohne die man oftmals recht verloren wäre. Meine drei Favoriten sind:

• Das *KROLL Taschenbuch für die Touristik-Presse* (www.kroll-verlag.de), das auf fast 700 Seiten als sozusagen gedruckte «Datenbank» für die Jackentasche im DIN-A6-Taschenbuch-Format fungiert. Dieser unentbehrliche Helfer bietet 12 500 Ansprechpartner aus der Reisesparte, wie Touristikjournalisten, Fotografen, Touristik-Fachpresse, Reiseredaktionen von Tageszeitungen, Funk und TV, Pressestellen von Reiseveranstaltern, Fremdenverkehrsbüros, Airlines, Hotellerie, Verbände sowie Touristik-Aus- und -Fortbildung. Einziger Nachteil: Das Taschenbuch erscheint nur im Zweijahresrhythmus und kann daher bei der hohen Fluktuation in den Redaktionen manchmal schnell veralten. (Euro 29,–).

- Sehr hilfreich ist auch das Nachschlagewerk *Touristik Medien* (www.srt-redaktion.de), das vom deutschen Reiseveranstalter TUI jährlich herausgegeben wird und genaue Auskunft darüber gibt, wer in der Medienlandschaft mit wem kooperiert, welche Redaktion an welchem Thema Interesse hat und an wen PR-Infos adressiert werden können. Auf 172 Seiten werden kompetent alle Reiseredakteure bei Tageszeitungen, Zeitschriften, Fachpresse, TV-Sendern und Online-Medien in Deutschland, Österreich und der Schweiz genannt (Euro 32,–).
- Ergänzend dazu eignet sich auch das *Redaktionsadress* (www.media-daten.de), das mit 3100 Fachzeitschriften, 1350 Zeitschriften, 820 Tages-, Wochen- und Sonntagszeitungen, 700 Hörfunk- und Fernsehsendern aus dem öffentlichrechtlichen wie aus dem privaten Bereich inklusive Studios und Korrespondenten circa 23 300 Ansprechpartner nennt. Großer Vorteil: Das Redaktionsadress wird jährlich zweimal komplett aktualisiert. (Preis im Abo: Euro 218,–).

Kombiniert man diese drei Nachschlagewerke, so ist man recht gut auf dem Laufenden, was einen allerdings nicht davor bewahrt, hin und wieder ganze Telefontage einzulegen, um den Presseverteiler immer auf dem neuesten Stand zu halten. Presseverteiler kann man auch elektronisch erstellen und auf bestimmte Zielgruppen abgestimmt kaufen, wobei ich die Erfahrung gemacht habe, dass diese oft große Lücken aufweisen und bestenfalls als

Grundlage zur Erstellung eines neuen Verteilers dienen können.

Manche PR-Kollegen schwören auch auf die Nachschlagewerke des Stamm-Verlages (www.stamm.de), eines Fachverlages für Kommunikation, der bereits seit 1947 den «Stamm Leitfaden durch Presse und Werbung» herausgibt. Das umfangreiche Verzeichnis gilt für die deutsche Medienlandschaft, und ein Datenpool wird täglich von einem Redaktions- und Recherche-Team durch ständigen Kontakt zu den Ansprechpartnern in der Kommunikationsbranche aktualisiert. Der «Stamm» erscheint jährlich mit über 2000 Seiten in zwei Bänden und kostet Euro 125,–.

Es sei also jedem in der Touristik-PR ans Herz gelegt, sich zunächst mit einem ausgefeilten, aktuellen und gut durchdachten Verteiler- und Adresssystem auszustatten, denn nur so ist die Grundlage für ein durchdachtes Informationsmanagement gelegt.

3.1. Apropos Fachzeitschriften

Fachzeitschriften gibt es wie Sand am Meer, und über ihre Qualität lässt sich streiten. Eines steht aber mit Sicherheit fest: Sie sind ein unerlässliches Medium in der Business-to-Business-Kommunikation, und das gilt auch für den Tourismus.

Natürlich geht es hier in vielen Fällen um die Selbstbeweihräucherung innerhalb der Branche, wer hat welche neue Stelle bekommen, wem wurde mal wieder einer der dubiosen «Tourismus Awards» verliehen usw. Dennoch ist nicht zu übersehen, dass diese Zeitschriften von Entscheidungsträgern in der Branche gelesen werden und durchaus gut verpackte, interessante Fachinformationen und praxisnahe Beiträge von professionellen Touristikredakteuren liefern. Unangenehm wird es dann, wenn in der Fachzeitschrift ein Unternehmen seitenweise gelobt wird und vier Seiten später die großen Anzeigen des Unternehmens abgedruckt sind. Das stinkt dann verdammt nach bezahlter PR und wirft ein lächerliches Bild auf die Urheber.

Der Vorteil der Fachzeitschrift ist die klare Definition der Leserschaft: Die Zielgruppe ist bekannt, und Streuverluste werden so minimiert. Und solange das Medium das professionelle Konkurrenzumfeld des eigenen Unternehmens widerspiegelt, ist man hier gut aufgehoben.

Die Fachzeitschriften im Tourismus lassen sich im deutschsprachigen Raum in verschiedene Kategorien unterteilen:
- *Reisewelt:*
  FVW International (www.fvw.de)
  Touristik aktuell (www.touristik-aktuell.de)
  Touristik Report (www.touristikreport.de)
  Travel Talk (www.traveltalk.de)
  Travel Inside (www.travelinside.ch)
  Traveller (A) (www.manstein.at)
  Schweizer Touristik ST (www.schweizertouristik.ch)
  Faktum (A) (www.mucha.at)
  Tip – travel industry professional (A) (www.tip-online.at)

27

- *Hotellerie:*
  Top Hotel (www.tophotel.de)
  Der Hotelier (www.der-hotelier.de)
  Hotelier (CH) (www.hotelier.ch)
  Allgemeine Hotel- und Gaststättenzeitung
  (www.ahgz.de)
  Gastro-News (www.gastroline.ch)
  Gastro-Journal (www.gastrojournal.ch)
  Gastronomie (www.gastronomie-mag.de)
  Hotel & Tourismus Revue (www.htr.ch)
  hotel & touristik (A) (www.manstein.at)
  a3 Gast (A) (www.a3verlag.com)

- *Kongresse, Tagungen und Events:*
  Conference & Incentive Management (CIM)
  (www.cim-publications.de)
  Convention International (www.convention-net.de)
  Incentive Congress Journal (www.incentive-journal.de)
  Events (www.events-magazine.com)
  TW TagungsWirtschaft (www.tw-media.com)

4. Ein Netzwerk muss her

Jeder, der sich neu in einer ihm unbekannten Branche bewegt, ist darauf angewiesen, sich so schnell wie möglich sein persönliches Netzwerk aufzubauen, Kontakte zu knüpfen, wo es nur geht, und sich im Gebiet der Touristik in erster Linie mit Reiseredakteuren, Reiseressortleitern und freien Reisejournalisten bekannt zu machen. «So schnell wie möglich» ist relativ, da dieses Vorhaben letztlich Jahre dauert und sehr arbeitsintensiv ist, aber irgendwo muss man ja anfangen und darf sich auf keinen Fall von der ein oder anderen unangenehmen Begegnung abschrecken lassen. Die Beziehungspflege, das sogenannte Vitamin B, ist mindestens genauso bedeutsam wie das Beherrschen der Grundtechniken allgemeiner Pressearbeit. Doch wie und wo komme ich in den Kontakt mit den entsprechenden Journalisten?

4.1. Die Einladung

Handelt es sich um einen Journalisten aus der Lokal- oder Reiseredaktion vor Ort, kann man diesen zu einem Hintergrundgespräch, zu einer Veranstaltung oder einem Mittagessen einladen und sich so mit den relevanten Pressevertretern bekannt machen. Dabei sollte die Einladung zu einem Essen nicht als Bestechung gesehen werden, sondern einfach als Geschäftsessen, bei dem man sein Gegenüber in lockerer Atmosphäre persönlich kennenlernt und seine Dialogbereitschaft kundtut. Was sich später aus diesem Kontakt ergibt, sei dahingestellt.

4.2. Messen

Die stets wiederkehrenden Reisemessen sind ausgesprochene Kontaktbörsen und dienen eher der Begegnung und dem Kennenlernen von Businesspartnern oder potenziellen Kunden als definitiven Geschäftsabschlüssen. So reist der Tross der Touristiker von einer großen Reisemesse zur nächsten und verbringt einige Tage im Jahr damit, Kontakte zu schließen oder aufzufrischen.

Hilfreich ist es natürlich, wenn das eigene Unternehmen jeweils mit einem Messestand vertreten ist, da so die Reisejournalisten an den Stand eingeladen werden können und man ihnen auf diese Weise die *latest news* mitteilen kann.

Ist man ohne eigenen Stand auf der Messe unterwegs, ist es eher schwierig, ohne abgesprochenen Termin den richtigen Leuten zu begegnen. Meist passiert dies dann zufällig, indem man mit Röntgenaugen die Farbe der Besucher-Badges observiert (die Presse hat in fast allen Fällen eine abweichende Badge-Farbe) und die oft kleingeschriebenen Namen zu entziffern versucht. So kann man freilich den ein oder anderen Journalisten ansprechen und sich ihm vorstellen.

Wer übrigens meint, den Journalisten dann auch noch mit seinen Pressemappen beladen zu können, der irrt. Die schickt man besser direkt in die Redaktion, da ein Reisejournalist schließlich nicht den ganzen Tag von einem Termin zum anderen hecheln und dabei noch mehrere Kilo Papier hinter sich herziehen kann.

Während der Messetage gibt es zudem eine unendliche Auswahl von Abendveranstaltungen und Partys, bei denen man sein Kontaktprogramm fortführen kann (vorausgesetzt man hat eine Einladung). Die Events von Airlines, Reiseveranstaltern, Hotelketten und Fremdenverkehrsämtern konkurrieren miteinander, und man hat tatsächlich die Qual der Wahl, in welcher *location* man seinen anstrengenden Messetag ausklingen lässt.

Die wichtigste Reisemesse weltweit ist mit Sicherheit die *Internationale Tourismusbörse Berlin* (ITB), die jährlich Anfang März stattfindet und an fünf Tagen mehr als 10 000 Aussteller und 140 000 Besucher anzieht. Die ITB ist Branchentreffpunkt, Marktplatz und Impulsgeber zugleich und zeigt das gesamte Produktspektrum der Tourismuswirtschaft – kurz, hier trifft sich die *crème de la crème* der Reisebranche. Der ITB entsprechen

*   die Borsa Internazionale del Turismo (BIT) in Mailand (im Februar),
*   der Arabian Travel Market (ATM) in Dubai (im Mai),

- der World Travel Market (WTM) in London (im November),
- die Feria Internacional de Turismo (FITUR) in Madrid (im Januar),
- sowie die Moscow International Travel & Tourism Show (MITT), die jährlich im März stattfindet.

Diverse kleinere Messen wie zum Beispiel die Fespo in Zürich (Januar), der TTW in Montreux (Oktober) oder die IMEX (April/Mai) in Frankfurt (Incentive Reisen, Meetings und Events) ergänzen das große Reisemessen-Angebot.

Natürlich sind nicht alle Messen für jedes Unternehmen geeignet, und an jeder Messe teilzunehmen wäre weitaus zu kostspielig. Von daher ist eine genaue Evaluation vor einer Messeteilnahme in jedem Fall zu empfehlen.

Auch wenn die Touristiker immer wieder über die vielen Messen klagen, die Tage anstrengend sind und man vielleicht den Eindruck hat, das bringt doch alles nichts – feststeht, dass diese Veranstaltungen für ein Netzwerk unerlässlich sind. Hier die Homepages der wichtigsten Messen:

www.itb-berlin.de
www.wtmlondon.com
www.arabiantravelmarket.com
www.mitt-moscow.com
www.ifema.es
www.fespo.ch
www.ttw.ch
www.imex-frankfurt.de

4.3. Redaktionsbesuche

In vielen europäischen Ländern gestaltet sich ein Redaktionsbesuch um einiges einfacher als in Deutschland, da die meisten Staaten recht zentralistisch geführt werden und sich die Pressehochburgen auf eine Stadt konzentrieren. So spielt sich in Frankreich einfach alles in Paris ab, in England bündelt sich die Presse in London, und in Spanien lebt und arbeitet die Mehrzahl der Journalisten in Madrid. In Deutschland gibt es bekanntlich mehrere Medienzentren, wobei Hamburg und München an der Spitze liegen und von Frankfurt, Berlin, Köln und Düsseldorf ergänzt werden.

Somit steht man vor einem geografischen Problem, das durch gezielte Planung zwar gelöst werden kann, dennoch aber einige Kosten mit sich bringt. Aus meiner persönlichen Erfahrung kann ich aber sagen, dass es sich lohnt.

Ich hatte mich zu Beginn meiner Karriere für eine Woche in ein Hamburger Hotel eingebucht und klapperte Tag für Tag die wichtigsten Reiseredaktionen ab, natürlich nur, nachdem ich vorher mit den jeweiligen Personen einen Termin abgesprochen hatte. Praktisch ist, dass die großen Verlagshäuser wie der Burda Verlag oder der Axel Springer Verlag mehrere Redaktionen unter einem Dach bündeln und man somit nur von einer Gebäudeetage zur anderen wechseln muss, um seinen nächsten Termin wahrzunehmen. Bei manchen Journalisten kam es zwar nur zum Händedruck und zum Austausch der Visitenkarten und Pressemappen, aber dennoch war diese Tour ein voller Erfolg. Bei einigen Redakteuren saß ich nämlich gleich eine ganze Stunde beim gemütlichen Kaffeeplausch, und daraus ergaben sich ausgezeichnete Beziehungen, die mich in den nächsten Jahren dauerhaft begleiten sollten.

Natürlich kann man auch die Redaktionen mit einer Art PR-Aktion überraschen, indem man zum Beispiel unangekündigt an einem heißen Sommertag mit einer Eistruhe vorbeischaut, an die anwesenden Redakteure kühle Erfrischungen verteilt und sich so im Gedächtnis einprägt. Dabei läuft man aber Gefahr, eher wie ein Marketing-Mann zu wirken und dann möglicherweise gerade den Journalisten, den man unbedingt kennenlernen wollte, an diesem Tag nicht persönlich anzutreffen.

4.4. Pressereisen

Über dieses Thema folgt noch ein ganzes Kapitel (ab Seite 72), aber eins lässt sich kurz und bündig sagen: Es gibt kaum eine bessere Möglichkeit, Journalisten näher kennenzulernen als auf einer Pressereise. Schließlich verbringt man dabei mit ihnen meist mehrere Tage von morgens bis abends, sitzt beim Frühstück oder Abendessen zusammen und nimmt ein gemeinsames Aktivitäten- oder Sightseeingprogramm wahr. Wenn die Pressereise angenehm verläuft, werden so positive Erlebnisse geschaffen, die in den Köpfen aller Beteiligten hängen bleiben.

Mit Journalisten, mit denen man auf Pressereise war, besteht später oftmals ein Duzverhältnis, und dadurch ist es nicht so schwer, einfach mal den Telefonhörer in die Hand zu nehmen, nur «Hallo» zu sagen oder mit einem konkreten Anliegen zu kommen. Dies vereinfacht auch dem Journalisten die tägliche Arbeit, der selbstverständlich eine gute Beziehung zu den PR-Personen schätzt und ebenfalls auf einen reibungslosen Informationsfluss angewiesen ist. Ist der erste Kontakt hergestellt, geht bekanntlich vieles leichter. Entdeckt der Journalist mal wieder eine Ihrer Pressemitteilungen auf seinem Schreibtisch, wird er sich erinnern und sich sagen: «Aha, das ist *die* Frau Meier, die ich kürzlich beim Empfang kennengelernt habe und die anscheinend tatsächlich was von ihrem Handwerk versteht.» Auf diese Art und Weise hat schon manche Nachricht ihren Weg in die Medien gefunden. Da erfahrene Journalisten aber auch stets auf eine weiße Weste bedacht sind, sollte man auf diese Art von Kumpanei nicht ständig spekulieren, sondern mehr darauf achten, dass die News, die man verbreitet, auch tatsächlich für den Journalisten und den Leser von Interesse sind. Denn nur was Nachrichtenwert für den Empfänger und nicht für den Absender hat, landet in den Medien.

Eine Umfrage im November 2005 der dpa-Tochter «news aktuell» und Mummert Communications lieferte interessante Ergebnisse: PR-Fachleute pflegen nur höchstens zwanzig ihrer Journalistenkontakte intensiv. Mehr als drei Viertel der befragten Pressestellen gaben an, zu weniger als zwanzig Journalisten einen persönlichen Kontakt zu haben. Bei den PR-Agenturen ist dieser Wert ähnlich. Der PR-Trendmonitor ergab sich aus einer Umfrage, an der insgesamt 2401 Fach- und Führungskräfte aus Pressestellen und PR-Agenturen teilgenommen hatten.[1]

1. PR-Trendmonitor 4/2005, Studie von news-aktuell und Mummert Communications, zu bestellen für Euro 75,– unter www.pr-trendmonitor.de.

5. Steter Tropfen ...

Wie bereits im Eingangskapitel beschrieben, wird der Dialog mit der Öffentlichkeit nur wirksam, wenn er langfristig betrieben und dauerhaft durchgeführt wird. Einzelne aufgebauschte Kurzaktionen bleiben kaum im Gedächtnis; eher ist die Verwunderung bei den Medien und Kunden groß, dass der doch so aufwendig geplante Auftritt schnell verpufft und in Vergessenheit gerät.

Viele Unternehmen arbeiten zum Beispiel auf ein großes Event hin, führen es bravourös aus und versinken dann aber wieder für die nächsten Jahre in einen Dornröschenschlaf. Oder Pressemitteilungen werden nur sporadisch herausgegeben, und wenn dann nicht sofort die gewünschte Reaktion erfolgt, lässt man das Engagement wieder sein. Das ist Agieren nach dem Motto: «Jetzt haben wir uns doch die ganze Arbeit gemacht und keiner der undankbaren Journalisten hat etwas veröffentlicht.»

Es ist verständlich, dass man sich vom augenscheinlichen Desinteresse der Presse am eigenen Produkt erst mal entmutigen lässt und das Thema Öffentlichkeit als negatives Erlebnis ganz zu den Akten legen will. Doch so schnell sollte man nicht das Feld räumen. Jeder PR-Schaffende muss sich vor allem mit der Tatsache vertraut machen, dass die Reiseredaktionen Tag für Tag mit Meldungen überhäuft werden und eine Pressemitteilung vielleicht nur deshalb in den Papierkorb wandert, weil das Thema gerade nicht zum Themenplan des Mediums passt oder gerade über dieses Produkt, diese Destination, in einer der letzten Ausgaben berichtet wurde oder sich der Journalist die Unterlagen aufbewahrt und in einer zukünftigen Ausgabe darüber berichten möchte.

In der Touristik-PR (und nicht nur in dieser Branche) muss eine gewisse Konstanz an den Tag gelegt werden, mit der man sich vielleicht nur ganz langsam, aber doch mit Erfolg einer anerkannten Partnerschaft zum Journalisten nähert. Eintagsfliegen und ungeduldige Gemüter werden sich hier kaum bewähren. Nur zu oft höre ich Firmen-Verantwortliche sagen: «Lass uns mal gerade eben ein bisschen PR machen» – das führt mit Sicherheit zu nichts und ist verlorene Energie.

Andere wiederum meinen, sie könnten professionelle PR durchführen, indem sie einen regelmäßigen Erscheinungsrhythmus ihrer Pressemitteilungen festlegen: Jeden Monat geben sie zwei Pressemitteilungen heraus, auch wenn es gar nichts mitzuteilen gibt. Ähnliches findet man in den Zielvorgaben von PR-Personen zur Erreichung des Plansolls: «Der PR-Verantwortliche muss im ersten Quartal des Jahres zehn Pressemitteilungen herausgeben» – Autsch! Konstanz auf diese Weise zu erzwingen macht natürlich keinen Sinn.

Regelmäßige Berichterstattung und dauerhafter Kontakt zur Presse sind einer der Garanten für den Erfolg der

Public Relations. Hat man sich erst mal zum kompetenten Gesprächspartner beim Thema Reisen etabliert, wird die Presse auch immer wieder von sich aus anrufen und Statements zu bestimmten Themen fordern. Wird man häufiger in den Medien als Experte zitiert, wirkt sich diese Publicity auf die Bekanntheit des Unternehmens, das Renommee und natürlich das Image aus.

6. Wer reist wann, wo, mit wem, wohin – der passende Pressetext

Das größte Problem besteht bekanntlich darin, das Interesse des Reisejournalisten zu wecken. Angesichts des nicht enden wollenden Stroms der Pressemitteilungen, die sich täglich per Post, Newsticker oder E-Mail auf den Schreibtischen der Zeitungsleute anhäufen, kein leichtes Unterfangen. Die Zahl der Mitbewerber ist endlos, und nur ein kleiner Teil findet sich in den Medien wieder.

Erste Voraussetzung ist natürlich, dass Sie professionell verfasste Texte an den Journalisten liefern, mit denen er effektiv und rationell arbeiten kann und die bereits so aufbereitet sind, dass er sie ohne viel Aufwand für seine Zwecke redigieren kann.

Häufig erstellen Unternehmen auf die Schnelle aus ihren Werbebroschüren einen Pseudo-Pressetext, der nur so von werblichen Botschaften strotzt und somit auf direktem Weg in den Papierkorb des Journalisten wandert. Auch wenn die eine oder andere PR-Person nicht aus dem Journalismus kommt oder langjährige Erfahrung im Pressetext Schreiben vorweisen kann, so gibt es doch einige Tricks und Regeln, die man sich zum Beispiel in Schreibkursen aneignen kann und mit denen man schon mal die wichtigsten Voraussetzungen für eine professionelle Pressemitteilung erfüllen kann.

6.1. Die 5 Ws

Das Wichtigste einer Pressemitteilung steht im ersten Satz. Die Quintessenz im ersten Absatz, dem Lead. Dem Leser wird zunächst der Kern der Information serviert, auf den in der Regel auch schon die Überschrift hinweist. So wird das Interesse am Weiterlesen geweckt. Darauf folgen Zusatzinformationen von abnehmender Bedeutung. Eine Meldung sollte also in der Form einer auf die Spitze gestellten Pyramide aufgebaut sein, wobei diese Form im Kern durch folgende Fragewörter (die 5 Ws) leicht ermittelt werden kann: Wer? Wo? Wann? Was? Wie? und gegebenenfalls: Warum?[2]

Bei einem touristischen Text könnte also das Lead folgendermassen aussehen:

«Das Fremdenverkehrsamt von Jamaica lädt am 17.12.06 in der Stadthalle Frankfurt alle Mitarbeiter von Reiseveranstaltern sowie Reisejournalisten zum ersten interaktiven Workshop ein. Thema

2. ABC des Journalismus, Projektteam Lokaljournalisten, Verlag Oelschläger (1990), Seite 63f.

sind die neu erschlossenen Destinationen für Outdoorsport sowie die aktuellsten Familienangebote, die von Howard Johnson, dem Tourismus-Minister, persönlich vorgestellt werden.»

Somit wären bereits alle 5 Ws im ersten Abschnitt erläutert, und die Leser, in diesem Fall die Journalisten in den Redaktionen, wissen sofort umfassend, welches Thema behandelt wird. Sie müssen nicht unbedingt noch die nächsten zwei Seiten lesen, um alles ganzheitlich zu erfassen.

In den folgenden Abschnitten können natürlich noch alle möglichen Einzelheiten erklärt oder Zitate eingefügt werden, wobei immer darauf geachtet werden muss, die Inhalte von «sehr wichtig» bis «weniger wichtig» zu staffeln. Das erleichtert Journalisten die Arbeit, und sie können, falls sie einen Großteil des Textes eins zu eins übernehmen wollen, den Text einfach von hinten kürzen. Damit ist sichergestellt, dass die uninteressanten Teile der Pressemitteilung am Ende stehen und der Leser somit nichts verpasst. Da Journalisten meist unter großem Zeitdruck arbeiten, ist dieses Vorgehen von großer Wichtigkeit.

Im Fließtext nach der Einleitung werden dann weitere Details und ergänzende Informationen genannt, wobei die Informationen zum Beispiel Antworten auf die Fragen «Warum?», «Was sind die Hintergründe?» oder «Wer?/Was im Einzelnen?» gegeben werden können. Eine weitere Möglichkeit besteht darin, den Text zu gliedern und für die einzelnen Abschnitte entsprechende Zwischentitel zu verwenden.

Im Zusammenhang mit der Gliederung einer Pressemitteilung spricht man auch oft von der AIDA-Formel.

- A steht hier für *Attention.*
- I steht für *Interest.*
- D steht für *Desire.*
- A steht für *Action.*

Zunächst werden Aufmerksamkeit und Interesse des Redakteurs erweckt, dann soll sein Wunsch nach weiteren Informationen entstehen, und schließlich wird an ihn die Handlungsaufforderung gegeben.

6.2. Die sprachliche Qualität

Neben diesen formalen Kriterien sollten Sie große Aufmerksamkeit auf die sprachliche Qualität des Textes verwenden. Die Sprache der Pressemitteilung ist bedeutsam für die Akzeptanz beim Journalisten. Sprachgefühl lässt sich nur schwer lernen. Lernen lässt sich aber korrektes, schlichtes Deutsch, wobei man Auge und Ohr schulen kann. Verstöße gegen Grammatik, sprachliche Allgemeinplätze, Manierismen, Unarten und umständliche Wort- und Satzgefüge sollten vermieden werden. Unersetzliches Hilfsmittel ist hier nach wie vor der Duden, der sich stets in greifbarer Nähe befinden sollte.[3]

3. ABC des Journalismus, Projektteam Lokaljournalisten, Verlag Oelschläger (1990), Seite 123f.

Generell gilt: Die Sprache soll klar und eher knapp ausfallen, funktional, sachlich, unprätentiös und allgemein verständlich. Texte, die allzu werblich gestaltet daherkommen, fallen eindeutig durch. Abgegriffene attributive Superlative wie «die Beste», «Tollste», «Einzigartigste» und so weiter sollten in jedem Fall vermieden werden. Verzichten Sie auch auf ausgefallene Sprachakrobatik, Fremdwörter oder prosaisch verfasste Meldungen. Eine direkte Anrede mit «Sie» muss unterlassen werden, und es wird auch nie von «wir» gesprochen. Sätze wie «Buchen Sie Ihren Traumurlaub bei uns, wir verwöhnen Sie auf einzigartige Weise» sind also absolut verpönt und gehören in die Anzeige oder die Werbebroschüre, aber mit Sicherheit nicht in einen Pressetext. Dementsprechend sollte der Name des Produktes, der Dienstleistung oder des Unternehmens nicht andauernd genannt werden.

In der Regel sollte es dem Presseverantwortlichen gelingen, mit ein und derselben Formulierung des Pressetextes alle aus dem Presseverteiler meldungsspezifisch selektierten Journalisten sprachlich zu erreichen, sei es jetzt Wirtschaftspresse, Fachpresse oder Tagespresse. Ist eine Mitteilung nur für eine Zielgruppe gedacht, sollten die Details natürlich auf das jeweilige Medium eingerichtet werden. Wenn Sie davon ausgehen können, dass Ihr Gegenüber in der Redaktion etwas von dem versteht, über das Sie schreiben, dann können Sie ruhig Fachtermini verwenden, ansonsten sollten Sie diese und vor allem auch unerklärte Abkürzungen meiden.

Es ist durchaus hilfreich, wenn Sie sich einfach einige

Pressemitteilungen anderer im Tourismus tätiger Unternehmen aus dem Internet herunterladen und beobachten, dass die Textstruktur meist nach dem gleichen Schema aufgebaut ist. Es braucht nur etwas Schreibübung, und Sie werden diese Prinzipien mit der Zeit verinnerlichen.

Ein Redakteur will interessanten Stoff veröffentlichen, davon leben er und sein Medium. Erfüllen Sie ihm diesen Wunsch und bieten Sie ihm etwas, wie er es nicht andauernd zu lesen bekommt. Nennen Sie Ihre ganz individuellen Merkmale. Eine interessante Hintergrundstory etwa über Ihr Unternehmen oder Sie selbst, wie es zur Idee zu Ihrem Produkt kam, oder außergewöhnliche Entwicklungen Ihres Unternehmens können der Aufhänger sein.

Die Überschrift Ihres Textes (die *Headline*) sollte eindeutig aus den übrigen Pressemeldungen hervorstechen. So lenken Sie die Aufmerksamkeit der Redaktion und der Leser auf sich, heben sich von der breiten Masse der eingereichten Meldungen ab. In der Headline wird der wichtigste Nachrichtenfaktor genannt. Die Wichtigkeit findet auch in der Gestaltung (zum Beispiel Fettdruck, Schriftgröße) Berücksichtigung. Die Headline muss sofort ins Auge springen und die wichtigste Nachricht ausdrücken. Weitere wichtige Nachrichtenfaktoren können in der Unterzeile (der *Subline*) genannt werden, wobei diese in der Gestaltung etwas zurückhaltender sein kann als die Headline.

Nur was mit Hilfe der Überschrift interessant erscheint, wird auch gelesen. Übrigens werden Headlines nur selten von Journalisten übernommen und oftmals auch nur selten für den später erscheinenden Artikel von ihm persönlich gemacht. Das halten sich die Redaktion oder der Chefredakteur vor.

6.3. Formalien

Vor dem Versand einer Pressemitteilung sind auch einige Formalitäten zu beachten:

- *Vollständiger Absender:* Falls für den Versand kein Firmenbogen mit allen aufgedruckten Adressangaben benutzt wird, ist darauf zu achten, dass auf der Pressemitteilung die vollständige Adresse des Absenders mit Telefon, Fax, E-Mail und Internet-Adresse angegeben wird.
- *Pressemitteilung/Presseinformation:* Die Pressemitteilung sollte sofort als solche erkennbar sein. Daher muss der Begriff «Pressemitteilung» oder «Presseinformation» deutlich vor dem Text aufgeführt sein.
- *Umfang:* Die Länge einer Pressemitteilung sollte ein bis zwei DIN-A4-Seiten nicht überschreiten. Werden dennoch mehrere Seiten benötigt, ist darauf zu achten, das Blatt nicht beidseitig zu beschriften. Auf diese Art kann vermieden werden, dass wichtige Informationen im stressigen Tagesgeschäft des Journalisten unbeabsichtigt verloren gehen. Bei mehrseitigen Pressemitteilungen sollte unten auf der ersten Seite «Fortsetzung»

stehen, die folgenden Seiten sollten aneinandergeheftet und durchnummeriert werden.

- *Optik:* Die Anordnung der Pressemitteilung sollte großzügig mit viel Rand, genügend Abstand zwischen den Zeilen (am besten einhalb- bis zweizeilig) und optisch sowie inhaltlich klar gegliedert sein; vermeiden Sie verschiedene Schrifttypen, *Kursivdrucke*, **Fettdrucke** oder VERSALIEN. Für den Journalisten ist eine Pressemeldung ein reines Arbeitspapier, auf dem er direkt redigieren und redaktionelle Änderungen durchführen kann.

- *Abschluss der Pressemitteilung:* Am Ende der Pressemitteilung sollte die Textlänge angegeben werden (x Zeilen à y Anschläge), wobei bei der Berechnung jedes Zeichen, jedes Komma und jedes Leerzeichen mitgerechnet wird. Im wohl am häufigsten verwendeten Textprogramm «Word» finden Sie diese Angaben unter «Datei – Eigenschaften – Statistik». Die Angabe der Textlänge ist eine weitere Erleichterung für die Arbeit des Journalisten.

- *Abkürzungen:* Abkürzungen werden ausgeschrieben oder müssen erklärt werden. Der vollständige Ausdruck wird bei der ersten Verwendung ausgeschrieben und die Abkürzung in Klammern dahintergesetzt. Im weiteren Textverlauf kann die Abkürzung immer ohne Erklärung verwendet werden.

- *Ausgabedatum:* Das Datum gehört auf die erste Seite, damit der Journalist auch zu einem späteren Zeitpunkt auf den ersten Blick erkennen kann, ob es sich um ein noch aktuelles Thema handelt. Neben dem Nachrichtenwert steht bei der Presse Aktualität an oberster Stelle. Pressemitteilungen ohne Datum erwecken den Anschein, als wolle man das Thema mit einer gewissen Zeitlosigkeit versehen und so einen Abdruck auch zu einem späteren Zeitpunkt in jedem Fall ermöglichen. Es ist auch nicht ratsam, eine Neuigkeit, die von der Presse nicht aufgenommen wurde, aus Enttäuschung nach einigen Wochen in anderer Aufmachung erneut auszusenden.

- *Namensschreibung:* Vor- und Zunamen von Personen werden zumindest einmal in der Pressemitteilung genannt, wobei das «Herr» oder «Frau» wegfällt. Zum besseren Verständnis macht es Sinn, auch die jeweilige Funktion zu nennen.

- *Redaktionsschluss:* Beim Aussand ist zu beachten, dass viele Zeitschriften, besonders auch Fachzeitschriften in der Tourismusbranche, im Gegensatz zu Tageszeitungen eine große Vorlaufzeit haben und ihren Redaktionsschluss setzen, lange bevor die Publikation erscheint. Manchmal verpasst der PR-Schaffende nämlich schlichtweg den Redaktionsschluss und wundert sich dann, im entsprechenden Artikel keine Erwähnung zu finden.

6.4. Wie verschicken?

Zu Beginn der elektronischen Ära gab es ausgedehnte Debatten darüber, wie die Pressemitteilung zu verschicken sei: per Post oder elektronisch? Die Meinungen gingen extrem auseinander. Während die einen nach wie vor ihre Pressemitteilungen per Post erhalten wollten, weil sie dann etwas in der Hand hatten und aus irgendwelchen Gründen eine bessere Ordnung halten konnten, bevorzugten die anderen eine Zusendung per E-Mail.

Dieses Bild hat sich in den letzten Jahren stark gewandelt und wird von einer Studie des Stamm-Verlages mit dem Titel «PM 2006» belegt.[4] Für die Studie, beantworteten mehr als 3000 Redakteure insgesamt 29 Fragen über Erfahrungen und Wünsche rund um das Thema Pressemitteilungen, zum Beispiel, wie Journalisten Pressemitteilungen verwenden, welche formalen Kriterien sie für wichtig halten und wodurch die «Übernahmewahrscheinlichkeit» gesteigert wird.

Ein Ergebnis war eindeutig: E-Mail ist das bevorzugte Kommunikationsmedium für Pressemitteilungen. 76,8 Prozent der Befragten nannten die elektronische Post als gängigen Transportweg. Lediglich 13,7 Prozent gaben die Briefpost und 8,7 Prozent die Fax-Mitteilung an. Mit 0,9 Prozent weit abgeschlagen fristet der Abruf von PR-

---

4. Stamm-Verlag. Studie «PM 2006», zu bestellen unter www.stamm.de für Euro 219,24.

Infos über eine Website ein kümmerliches Dasein. Nur 2,5 Prozent der Redakteure würden sich gerne über Presseportale oder Unternehmensseiten selbst bedienen – die Mehrzahl möchte angeschrieben werden. Weniger als ein Zehntel (9,8 Prozent) wünschen sich Pressemitteilungen per Brief, aus dem Fax würden gerade mal 4,4 Prozent die Infos angeln.

Interessant war auch die Aussage, dass bei der Mehrheit der deutschen Redakteure über die Hälfte der eingehenden Pressemitteilungen sofort in den Papierkorb wandern. Positiv hingegen wird bei den befragten Journalisten die Selektion der E-Mail-Adressen durch die Absender gesehen. Fast die Hälfte (48 Prozent) der Redakteure berichtete, dass 90 Prozent der Pressemitteilungen sie ohne Umwege erreichten. Gerade mal 1,4 Prozent haben die Erfahrung gemacht, dass E-Mails zuvor bei Kollegen gelandet sind. Was Redakteure offenbar hassen, sind telefonische Nachfassaktionen: «Ganz besonders furchtbar finde ich das telefonische Nachfassen, ob man die Pressemitteilung erhalten hat und ob man was bringt. Das ist eine Frechheit, raubt Zeit und bringt nichts.»

Ein besonderer Vorteil des E-Mails ist die Tatsache, dass der Redakteur einfach Teile des Textes kopieren oder abspeichern kann und bei Bedarf wieder direkten Zugriff hat. Allerdings hört man schon hin und wieder Klagen über die Vermüllung des PCs mit unzähligen Spams, so dass mancher recht radikal ohne Rücksicht auf Verluste Nachrichten löscht. Es verwundert daher nicht, dass einige Journalisten ihre persönliche E-Mail-Adresse nur ungern herausgeben und am liebsten die allgemeine E-Mail der Redaktion angeben.

Da die Vielzahl der Online-Nachrichten immens groß ist, sind meines Erachtens Pressemitteilungen bis zu 15 Zeilen und einem Hinweis, unter welcher Webadresse weitere Informationen zu finden sind, vollkommen ausreichend. Der Journalist hat so die Möglichkeit (zum Beispiel über eingebaute Links), das Material wie Text und Bild zum Download zu nutzen.

Grundsätzlich sollte der Versand einer Pressemitteilung per E-Mail nicht im HTML-Format, sondern als «Nur Text» (ASCII) erfolgen. Eine Versendung von Anlagen *(Attachments)* ist nicht zu empfehlen. Einerseits stehen nicht jedem Redakteur alle Programme zur Öffnung der diversen Dateiformate zur Verfügung, andererseits wird das Datenvolumen durch Mail-Anlagen unnötig erhöht, und letztendlich steigt auch die Gefahr einer Virusübertragung. Ist ein Mail-Anhang unumgänglich, sollten die Dateien als ZIP-File angehängt werden.

Beim Versand per E-Mail sollte ebenso darauf geachtet werden, dass der mit viel Arbeit zusammengestellte Presseverteiler nicht für alle E-Mail-Empfänger sichtbar sein sollte. Daher bietet es sich hier an, die individuellen E-Mail-Adressen nur in das Blindkopiefeld (BCC – *blind carbon copy*) einzufügen. Beispielsweise können Sie in das Feld «An/To» die eigene E-Mail-Adresse eintragen und in das BCC-Feld die E-Mail-Adressen Ihres Presseverteilers.

Natürlich gilt beim E-Mail-Versand auch, dass nur

wirkliche Neuigkeiten verarbeitet werden und nicht pene-
trante Werbebotschaften den Computer des Medienver-
treters blockieren.

7. Evaluation und Daseinsberechtigung

Den Erfolg der eigenen PR-Aktivitäten zu messen, ist oft schwer und bedarf eines beachtlichen Aufwandes sowie genügender Manpower zur Durchführung einzelner, arbeitsintensiver Schritte. Es braucht auch ein entsprechendes Budget, um eine Agentur mit der ausführlichen Evaluation zu beauftragen. Anhand vorher deklarierter Ziele kann die Wirksamkeit einer PR-Aktion mit der Absicht gemessen werden, zukünftige Projekte qualitativ zu verbessern, zu erkennen, ob die Ziele voll und ganz erreicht wurden, der Aufwand an Geld und Personal gerechtfertigt war und in Zukunft ähnliche Aktionen überhaupt Sinn machen.

Da kommt einem natürlich die logische Frage in den Sinn, ob Öffentlichkeitsarbeit überhaupt objektiv messbar ist. Zahlreiche moderne Methoden der Marktforschung[5] wie Clip-Tracking-Analyse, Äquivalenzanalyse, Image-Befragung, Zeitreihenanalyse, Controlling oder Monitoring

5. Literaturtipps: Baerns, Barbara: PR-Erfolgskontrolle. Messen und Bewerten in der Öffentlichkeitsarbeit. Verfahren, Strategien, Beispiele. Frankfurt/M. 1995; Besson, Nanette A.: Strategische PR-Evaluation. VS Verlag für Sozialwissenschaften, 2004.

liefern eine Fülle aussagekräftiger Daten, die helfen, Aspekte der PR-Arbeit zu überprüfen, zu bewerten und zu kontrollieren.

Keines der Evaluationsmodelle erfasst jedoch im Sinne ihrer Definition alle Aspekte optimal. Dies liegt in erster Linie daran, dass man grundsätzlich zwischen der quantitativen Resonanz eines PR-Projektes oder einer Kampagne und der qualitativen Wirkung unterscheiden muss. Es handelt sich hier um zwei völlig verschiedene Ebenen, die nicht mit ein und derselben Methode überprüfbar sind – wenn überhaupt.

Auch wenn dies etwas altmodisch klingt, tendiere ich bei fehlenden monetären Mitteln nach wie vor dazu, in erster Linie die Medienwirkung sowie die kurzfristigen, direkten Reaktionen zu beobachten.

Die Medienresonanzanalyse ist die in der Praxis mit Abstand am häufigsten durchgeführte Evaluationsmaßnahme, gefolgt von Beobachtungen der direkten Reaktionen. Während die fortlaufende Beobachtung der Presse *(Monitoring)* und das anschließende Sammeln *(Clipping)* eher subjektive Eindrücke bündelt, ist die Medienresonanzanalyse wesentlich genauer: Anhand von computergestützten Ergebnissen werden auf der Basis von Presseartikeln, TV- und Hörfunkbeiträgen quantitative, aber auch qualitative Wertungen abgegeben. Mit Hilfe der grundlegenden Frage: «Wer sagt was wo wie und mit welcher Wertung über ein bestimmtes Thema oder ein Unternehmen?» lässt sich ein genaues Untersuchungsdesign festlegen, das recht aussagekräftige Analyseergebnisse liefert.

Die Medienresonanzanalyse lässt sich auch auf Einzelprojekte (zum Beispiel Resonanz einer Pressemitteilung, einer Veranstaltung oder einer Imagekampagne) anwenden.

Vor allem kleinere Touristikunternehmen müssen es aber schon aus Budgetgründen manchmal bei Monitoring und Clipping belassen und fahren damit zunächst gar nicht mal so schlecht, solange sie mit gesundem Menschenverstand an die Sache herangehen. Wenn also zwanzig Reisejournalisten an der Rundreise durch Südspanien teilnehmen, sich während und nach der Reise begeistert zeigen und dies auch in zahlreichen Artikeln kundtun, ist dies mit Sicherheit ein Indiz dafür, dass die Aktion gut angekommen ist und ihr angesteuertes Ziel erreicht hat. Fehlt nur noch, die Qualität des Geschriebenen und die Seriosität der Medien, in denen die Beiträge erscheinen, richtig einzuschätzen.

Welche genaue Wirkung allerdings beim Kunden beziehungsweise Leser erzielt wird, lässt sich recht schwer sagen. Ich habe aber schon oft die Erfahrung gemacht, dass ein besonderes touristisches Angebot, in einer großen Tageszeitung besprochen, bereits am nächsten Tag Auswirkungen auf das Reservationsverhalten hatte und fast jeder Anrufer sich auf den gelesenen Artikel bezog.

Evaluation hilft den PR-Schaffenden in jedem Fall bei der Bewertung der Qualität der konzipierten und umgesetzten Maßnahmen sowie bei der Ermittlung des Bedarfs in Hinblick auf eine Neuausrichtung gewisser PR-Maßnahmen. Sie dient der Legitimation von Budgets und Personaleinsatz und ebenso als eine Art Frühwarnsystem für sich ändernde Meinungen, Einstellungen oder Themen.

Evaluation muss allerdings immer von Anfang an in das Zeit- und das Kostenbudget eingeplant werden, da nur so eine gewisse Planbarkeit entsteht, die der Qualität dient. Nur wenn zu regelmäßigen Zeitpunkten evaluiert wird, macht eine Bewertung überhaupt Sinn und Veränderungen werden ablesbar. Bei der Budgetierung spricht man von einer Faustregel für die Praxis, die rund zehn Prozent des PR-Budgets für die Erfolgskontrolle vorsieht.

Wenn wir ganz ehrlich sind, ist die PR-Evaluation vor allem in Hinsicht auf die Daseinsberechtigung der PR-Person im Unternehmen immens wichtig. Vorstände, Geschäftsführer und Chefs finden zwar «PR immer ganz schön und gut», wollen aber in Wirklichkeit schwarz auf weiß sehen, was der ganze Aufwand tatsächlich unter dem Strich bringt. Deshalb habe ich mich stets auch extrem über jeden Schnipsel gefreut, in dem sich meine PR-Arbeit spiegelte, diese pedantisch genau gesammelt und gebündelt. So hat man wenigstens etwas in der Hand, das sich sehen lässt, und man kann beweisen, dass die mit Herzblut ausgeführten Aktivitäten Früchte tragen.

Im ersten Moment klingt das für den ein oder anderen als reine Selbstbeweihräucherung und Glorifizierung der eigenen Arbeit − in Wirklichkeit ist dies ein fester Bestandteil der Self-PR, die im Laufe der Zeit unabdingbar bleibt, um sich innerhalb einer Unternehmung zu behaupten und immer wieder neu zu positionieren. Während der Kollege aus dem Sales wieder mal 5000 Flugtickets verkauft, 3720 Hotelzimmer vermittelt und 46 Gruppen auf Rundreise geschickt hat, muss auch die PR früher oder später mit Ergebnissen aufwarten können. Der PR-Erfolg hängt also letztendlich auch damit zusammen, ob es auf längere Sicht hin gelingt, zu erklären und plausibel zu formulieren, welchen Beitrag die PR-Funktion jeweils zur Erreichung der Organisationsziele leistet.

Was häufig praktiziert wird, ich aber als total lächerlich empfinde, ist das Umrechnen von Presseartikeln in Kosten für Werbeanzeigen. Einige PR-Kollegen möchten sich hier vor dem Management profilieren und ihre Arbeit in besserem Licht erscheinen lassen, indem sie direkt mit den Werbeschaffenden in Konkurrenz treten.

Es wird also genau berechnet, was eine Werbeanzeige in der Größe des erfolgreich platzierten, relevanten Presseartikels im selben Medium kosten würde. Dann werden all diese Kosten addiert und man kann mit unglaublichen Summen Chefs oder Vorstände beeindrucken: Die letzten 50 über das Unternehmen erschienenen Artikel würden in Form von Werbeanzeigen 450 000 Euro kosten … Damit rechtfertigt so mancher sein Gehalt und seine Arbeit.

Meines Erachtens ist dieser Vergleich nicht tragbar, da damit die Wirkung des Artikels oder der Werbeanzeige beim Kunden oder Leser nicht berücksichtigt wird und so ganz einfach Birnen mit Äpfeln verglichen werden. Es ist ja wohl keine Kunst, gegen bare Münze eine teure Anzeige bei einem Medium zu kaufen, während es vielleicht eines großen, langfristigen Aufwandes bedarf, um einen Journalisten zu überzeugen, über bestimmte Themen zu schreiben. Die PR-Person stellt mit diesem Vorgehen ganz eindeutig ihr Können unter ihren Scheffel …

Empfehlenswert sind im Zusammenhang mit der PR-Evaluation die Dienste des Unternehmens Deutsche Medienbeobachtungs Agentur GmbH (DMA) unter www.ausschnitt.de, die als einer der Marktführer Dienstleistungen auf dem Gebiet der Medienbeobachtung und der Medienresonanzanalyse anbieten. Hier recherchiert täglich ein Team hoch qualifizierter Fachlektoren in rund 68 000 Printmedien, Nachrichtenagenturen, TV-Sendern und Videotext-Channels sowie Online-Medien und Weblogs. Die internationale Medienbeobachtung wird mit Kooperationspartnern eines weltweiten Korrespondenten-Netzwerkes realisiert. Die Medienresonanzanalyse wird dabei anhand quantitativer und qualitativer Medienanalysen nach individuellen Briefings mit dem Kunden im modularen Baukastensystem erstellt.

Für die Schweiz empfehle ich die Argus der Presse AG in Zürich (www.argus.ch), die neben der gewöhnlichen Medienbeobachtung auch einen Service namens «Clipping Management Online» anbietet. Diese interaktive Plattform mit Online-Zugang macht die Bewirtschaftung der Clippings noch viel effizienter. Hier kann der Kunde Clippings anschauen, organisieren, verteilen und archivieren. Es wird eine Volltext-Suche in den Artikeln angeboten, der E-Mail-Versand an andere Benutzer ermöglicht, man kann spielend leicht Press-Reviews erstellen und das Ganze ohne Aufwand als Intranet-Lösung einsetzen.

Presseauswertungen enthalten übrigens meist folgende Informationen:

- Titel der Publikation
- Erscheinungsdatum und Ausgabennummer
- Art der Publikation (Tageszeitung, Beilage und so weiter)
- Auflagenangaben

Der Kunde bestimmt vorher die Stichworte oder die Themen, nach denen recherchiert werden soll.

Ich kann nur jedem, der mit einem Mediendienst arbeitet, einen Besuch in deren Büroräumlichkeiten empfehlen! Selten habe ich etwas Faszinierenderes gesehen: In jedem Zimmer sitzen Lektoren, die teilweise bis zu 3000 Stichwörter im Kopf haben und danach die verschiedenen Medien durchforsten. Der Dienst beginnt schon um fünf Uhr früh, wenn der erste Lieferwagen mit Zeitschriften und Zeitungen vorfährt. Die Artikel werden mit dem entsprechenden Stichwort markiert, von einer anderen Abteilung eingescannt und für den jeweiligen Kunden im PC aufbereitet. In anderen Räumen wiederum saßen Mitarbeiter, die mit Kopfhörern Radio- oder TV-Sendungen abhörten. Ein sehr spezieller Job, der viel Konzentration und eine große Vielseitigkeit erfordert.

8. Die Guten und die Bösen – Reisejournalisten unter der Lupe

«Reisen ist eine der schönsten Nebensachen der Welt. Manche halten Reisen sogar für ein Grundbedürfnis des Menschen. Weil Reisen Horizonte erweitert, Neugierde stillt und zu neuen Kräften verhilft. Die Deutschen wissen das offenbar, denn sie sind die Reise-Weltmeister. Wir Reisejournalisten verstehen uns als Helfer aller Reisenden. Wir bringen ihnen neue Ziele nahe und führen die neuen Seiten alter Ziele vor. Dabei fühlen wir uns nur dem Verbraucher, dem Reisenden, verpflichtet. Aber auch Reise-Unternehmen brauchen Reisejournalisten. Wir sagen, wo es etwas zu verbessern gibt und wo Beispielhaftes entstanden ist. Reisejournalisten verfolgen das Milliarden-Geschäft mit dem Tourismus wohlwollend und konstruktiv kritisch.» – So beschreibt die Vereinigung deutscher Reisejournalisten (VDRJ) ihre Zunft.[6]

Die Überschrift dieses Kapitels ist absichtlich überzogen und provokativ gewählt, um das Thema für einmal

---

6. www.vdrj.org Homepage der Vereinigung Deutscher Reisejournalisten (VDRJ).

offen anzugehen. Was jede PR-Person im Tourismus über einen Teil der Reisejournalisten denkt, wird lediglich hinter vorgehaltener Hand ausgesprochen. Aus Angst, sich irgendwelche möglichen Kontakte zu verscherzen, dienen PR-Leute oftmals «recht schleimig» allen Arten von dubiosen Journalisten, ohne zu hinterfragen und ohne je einen Wunsch abzuschlagen. Damit tun sie sich selbst keinen Gefallen; es zehrt extrem an der Kraft und an den Nerven, und die «schwarzen Schafe» können so frischfröhlich weiter agieren wie gehabt.

Aber beginnen wir doch mit den Guten! Mit dieser Bezeichnung meine ich nicht die Reisejournalisten, die «gut» über das Unternehmen schreiben, für das die PR-Person tätig ist, sondern diejenigen, die professionell und fair arbeiten. Um keinen falschen Eindruck zu erwecken, muss hier gleich darauf hingewiesen werden, dass die Mehrheit zu den «Guten» zählt. Jahrelang habe ich enge Kontakte zu dieser Kategorie gepflegt, sogar Freundschaften aufgebaut, und die Beziehungen beruhten eindeutig auf einer Situation des gegenseitigen respektvollen Umgangs.

Es ist ja nicht nur so, dass PR-Schaffende einseitig von der Gunst des Journalisten abhängen, sondern die Pressevertreter sind auch extrem auf einen zuverlässigen Informationsfluss seitens der PR-Abteilungen angewiesen. Schnelle Zuarbeit, Vermittlung passender Ansprechpartner oder die Lieferung qualitativ hochstehender Fotos in kürzester Zeit werden geschätzt und erleichtern die tägliche Arbeit des Journalisten. Die Bringschuld ist dabei genauso wichtig wie die Holschuld. Kritische oder auch manchmal negative Berichterstattung, solange einigermaßen nachvollziehbar und berechtigt, sollte Sie dabei nicht gleich schockieren. Mit den meisten Vertretern der schreibenden Zunft kann man darüber recht sachlich diskutieren, ohne das gegenseitige Verhältnis zu stören.

8.1. Die «Guten»

Die Guten sind auch die, die ordentlich angezogen sind (an dieser Stelle dürfen Sie sich gerne wundern oder lachen), Benimmregeln kennen, eine Einladung absagen, wenn sie es sich kurz vorher anders überlegen, nicht gleich ausflippen, wenn die Beantwortung eines zehnseitigen Fragenkataloges doch einmal länger als drei Stunden dauern sollte und der CEO nicht innerhalb weniger Minuten mit ihnen ein Telefoninterview führt. Gute Journalisten können sich auch vorübergehend in eine Gruppe integrieren, was gerade auf Pressereisen bedeutsam sein kann, und verfügen über einen gesunden Menschenverstand.

Logischerweise menschelt es auch oft zwischen Pressestellen und Reisejournalisten; man kann und muss ja nicht mit jedem Menschen auf dieser Welt Busenfreund sein, aber das kann sich alles in einem gewissen Rahmen halten. Nach dem Motto «Eine Hand wäscht die andere» sollte es hier zu einem ausgeglichenen Geben und Nehmen kommen. In der Regel gehört die Mehrheit der Reisejournalisten dieser Spezies an, und es entwickelt sich langfristig eine angenehme Zusammenarbeit. Aber wehe, wenn die «Bösen» auftreten, die einem das Leben zur Hölle machen … dann rette sich, wer kann!

8.2. Die «Bösen»

Beginnen wir mit den Äußerlichkeiten, nach denen man ja bekanntlicherweise andere Personen nicht abqualifizieren sollte, die einen bei manchem Journalisten aber so aus dem Konzept bringen, dass man nur kopfschüttelnd reagieren kann. Nie werde ich meinen ersten Termin mit einem Reiseressortleiter eines sehr angesehenen und auflagenstarken Mediums vergessen. Da ich neu in der Branche war, machte sich schon im Voraus ein großes Lampenfieber breit, und ich erwartete voller Ungeduld die Ankunft des besagten Herrn. Ich war geschockt!

Er hatte fettige und ungekämmte Haare, ein abgeschabtes Sakko, braun gefärbte, teilweise fehlende Zähne und zog andauernd an einer Reval ohne Filter. Seine Hände waren vom Nikotin schon ganz gelb. Er hustete mir bei jedem Wort ins Gesicht, und ich hatte den Eindruck, er wäre gerade unter der nächsten Brücke hervorgekrochen. Es geht hier nicht darum, topgestylt nach dem letzten Modeschrei gekleidet zu sein, aber etwas Achtsamkeit beim Auftreten, gerade auch als Repräsentant eines Mediums, ist mit Sicherheit angebracht. Dieser Pennerlook sollte mir in den kommenden Jahren noch häufig begegnen…

Dann gibt es natürlich jene, die gar keine Journalisten sind und sich nur als solche ausgeben. Diese zu entlarven braucht etwas Erfahrung und macht jeder Detektivarbeit alle Ehre. Kommt einem zum Beispiel ein Anrufer verdächtig vor, weil man den Namen des Mediums noch nie gehört hat und das genaue Anliegen auf den ersten Blick keinen Sinn macht oder nicht ganz durchsichtig ist, sollte man sich die Freiheit herausnehmen zu sagen, man rufe später noch mal zurück und die Zwischenzeit für eine genaue Recherche über die Person nutzen.

Das klingt zunächst übertrieben und sehr aufwändig, macht aber gerade deshalb Sinn, weil es in der Reisebranche bei solchen Anrufen in 90 Prozent der Fälle darum geht, irgendetwas gratis zu bekommen. Viele PR-Personen lassen sich direkt einschüchtern und vergeben Gratisferien, Flugtickets, Hotelaufenthalte oder sonstige Vergünstigungen, um ja nicht einen Journalisten zu verprellen.

In solchen Momenten kann man ruhig etwas forscher, aber dennoch freundlich auftreten und den Journalisten erst mal darum bitten, einige Artikel von sich zu senden, die Medien, für die er schreibt, anzugeben und sich gewissermaßen zu outen. Seriöse Journalisten haben nichts dagegen, denn auch sie kämpfen gegen den schlechten Ruf ihrer Branche und die schwarzen Schafe. Spätestens wenn jemand direkt am Telefon mit der Tür ins Haus fällt und nach Gratisleistungen anfragt, müssen bei jedem PR-Profi sämtliche Glocken läuten. Leider treten solche Fälle recht häufig auf, und man vergeudet seine wertvolle Arbeitszeit damit, diesen Pseudo-Journalisten hinterherzurecherchieren.

Ich erinnere mich gut an den Anruf eines Herrn, der behauptete, für ein Golf-Magazin zu schreiben und einen Beitrag über ein Golf-Hotel schreiben zu wollen. Dafür müsse er natürlich das Hotel ausführlich testen und hatte dabei an einen Gratisaufenthalt mit seiner Frau für 14 Tage gedacht. Nach Rückfrage bei dem Chefredakteur besagten Magazins stellte sich heraus, dass dieser noch nie den Namen meines Anrufers gehört hatte, geschweige denn diese Person für sein Blatt schreibe. Sie können sich vorstellen, wie wütend so etwas macht. Ich konnte es mir nicht verkneifen, den vermeintlichen Journalisten zur Rede zu stellen, der mir als Antwort gab, ja, er hätte noch nie für das Golf-Magazin geschrieben, aber er hätte es dann irgendwann einmal vor …

Ein anderes Mal erschienen zwei «Journalisten» zu einem großen Empfang, die ich nicht eingeladen hatte und die auf irgendwelchen Umwegen an die Einladungskarten gekommen waren. Aufgrund der vielen anwesenden Gäste und Pressevertreter wollte ich kein großes Aufhebens machen und ließ die beiden zur Veranstaltung zu. Selber schuld! Die Herrschaften benahmen sich am Buffet und an der Bar dermassen daneben, dass ich die beiden noch heute vor mir sehe.

Kurze Zeit später berichtete mir ein PR-Kollege aus Köln, der in einer ganz anderen Branche tätig war, dass er da zwei Möchtegern-Journalisten hätte, die sich immer wieder in Veranstaltungen schmuggeln und sich komplett besaufen würden, so dass man ihnen striktes Hausverbot erteilt hätte. Es erübrigt sich fast, darauf hinzuweisen, dass es sich dabei um meine beiden Spezialfreunde handelte. Es gibt also inzwischen einen richtigen «Ich-verkleide-mich-als-Journalist-Sport» bei dem so von Sonderkonditionen profitiert wird.

Viele Vertreter dieser Kategorie pochen auch immer darauf, doch in einem Journalistenverband zu sein oder einen Eintrag im Kroll-Pressetaschenbuch zu haben. Auch wenn beides normalerweise seriöse Referenzen sind, wird hier auch sehr viel Schindluder getrieben, und man sollte sich auf derartige Aussagen nicht blind verlassen.

Genau aus diesem Grund bin ich gegen allgemein-gültige Presserabatte in der Tourismusbranche. Zahlreiche Tourismus-Unternehmen handhaben es so, dass alle Journalisten bei ihnen prinzipiell Rabatte auf Reisen, auf Flüge oder Übernachtungen bekommen. Ich habe dieses Thema so gestaltet, dass ich seriösen Journalisten, mit denen ich bereits gearbeitet hatte und die ich persönlich kannte, vergünstigte Konditionen einräumte, natürlich nur *on availability*, also wenn es die Buchungslage im Unternehmen zuließ. Zudem mussten es in erster Linie Reisejournalisten sein. Warum sollte ich dem Redakteur, der im Feuilleton einer Zeitung regelmäßig die Neuerscheinungen auf dem Buchmarkt beschreibt, einen Ägypten-Urlaub zur Hälfte des Preises beschaffen?

Visitenkarten-Träger mit selbst gebastelten Visitenkar-ten begegnen einem auch ständig auf Messen, besonders dann, wenn es für geladene Gäste am Messestand ein Buffet oder Getränke gibt. Hier kann man sich auch erlauben, gerne etwas näher nachzufragen, denn man muss sich auch nicht gerade zum Trottel machen lassen.

Andere wiederum behaupten einen zu kennen und setzen mit ihren Wünschen an anderer Stelle im Unternehmen an und hoffen so, die Verantwortlichen in der Pressestelle umgehen zu können. Deswegen ist es hilfreich, allen Kollegen klarzumachen, derartige Anfragen direkt in die Presseabteilung weiterzuleiten. Hilfreich ist dabei auch eine firmeninterne Schwarze Liste, wobei ich diese auch schon mal mit PR-Verantwortlichen aus anderen Unternehmen der Touristik abgeglichen habe. Und siehe da, unsere Pappenheimer waren auch bei den Branchenkollegen bekannt.

Eine weitere Spezies unter den Reisejournalisten sind diejenigen, die zwar professionell arbeiten und auch für renommierte Medien schreiben, aber durch und durch schnorren. Bei jeder Gelegenheit werden Vorteile herausgeschunden, und dies teilweise auf recht unverfrorene Weise, nach dem Motto: «Ich bin doch der tolle Journalist, der schon mal über dein Unternehmen geschrieben hat, also gib mir ein Upgrade, freie Flugtickets, bezahl mein Dinner und meine Sommerferien mit der Familie.»

Genau hier kommt die PR-Person extrem in die Zwickmühle, weil sie auf galante Weise die passende Lösung finden muss. Hin und wieder wird man dann wohl gezwungenermaßen dem einen oder anderen Journalisten bei seinem Begehren etwas entgegenkommen müssen, weil man vielleicht gerade auf diesen Kontakt nicht verzichten kann. Diese Gratwanderung ist nicht ganz einfach, gratis muss deshalb aber nicht alles abgegeben werden – eine gewisse Vergünstigung lässt sich sicherlich hier und da einrichten. Das klingt nach eindeutiger Bestechung, aber die Garantie, dass der Journalist jetzt nur noch in höchsten Tönen über einem spricht, ist in diesem Package nicht mit einberechnet.

Das Schnorrertum zeichnet sich oftmals auch in kleinen Details ab. Ich erinnere mich gut an eine fünftägige Pressereise in den Libanon, bei der mich eine Journalistin direkt nach der Ankunft fragte, ob sie denn für ihren Aufenthalt Geld wechseln sollte. Die Frage fand ich doch schon recht merkwürdig. Natürlich waren Flug, Hotel, Frühstück und einige Dinners gratis bei der Reise, aber man will vielleicht doch mal etwas Kleingeld für einen Espresso, eine Postkarte, ein kleines Geschenk, etwas Trinkgeld oder einen Drink in einer Bar in der Tasche haben. Dies gab ich ihr dann auch zu verstehen, worauf sie nur meinte, dass dann aber die Gefahr bestehe, am Ende der Reise von der Fremdwährung etwas übrig zu haben und darauf sitzen bleiben zu müssen. Zwei Tage später traf mich fast der Schlag, als besagte Dame bei einer Ausgrabungsstätte, die wir besichtigten, auf die Toilette musste, aber kein Geld für die Klofrau besaß und mich dann um 10 Cent dafür anbettelte. Fazit, ich musste auch noch für diese Kosten aufkommen – voll peinlich!

Ein anderer Reisejournalist nahm mich auf einer dreitägigen Reise zur Seite und fragte mich, ob ich es nicht für ihn in die Wege leiten könnte, dass man im Hotel den gesamten Inhalt seines Koffers waschen würde, und das natürlich über meine Beziehungen gratis. Hotelwäschereien wären immer so teuer, und so hätte er nach Rückkehr von der Reise bereits alle Kleider schon wieder sauber auf dem Bügel hängen. Mit verschlug es fast die Sprache, und dieses Mal lehnte ich rigoros ab.

Dann gibt es natürlich im Traumgewerbe Tourismus wie im richtigen Leben die Dauernörgler, die noch keine Minute bei einer Veranstaltung vor Ort sind und schon ein riesiges Fass aus meist fadenscheinigen Gründen aufmachen. Da frage ich mich dann immer, warum sie denn überhaupt gekommen sind.

Beliebt sind auch solche, die zu einer mehrtägigen Reise am Flughafen auftauchen und dann erst mal vor der gesamten Reisegruppe über die Airline schimpfen und fragen, warum man denn für die vier Stunden nicht in der Business Class sitzen könne. Dieses Genörgle dauert dann meist bis ans Ende der gesamten Reise an, was auch andere Gruppenteilnehmer schwer nervt. Mir ist dann wirklich nicht klar, warum für eine Reise zugesagt wird und die Person überhaupt teilnimmt. Schließlich waren die Airline, der Reiseverlauf und andere Details zuvor geklärt.

Bei einer anderen Reise wurde ich gefragt, warum wir nicht dem direkten Mitbewerber, für den wir 60 km Umweg hätten machen müssen, einen Besuch abstatten würden. Meine Antwort weiß ich noch wie heute: «Wenn Sie bei einer Presseveranstaltung von BMW sind, bringt man Sie ja auch nicht zwischendurch mal schnell bei Mercedes vorbei…»

Sie merken, ich komme ins Geschichtenerzählen, denn mein Fundus derartiger Begegnungen ist immens, und das wird bei anderen PR-Leuten aus der Touristik kaum anders sein. Auch wenn es die «Bösen» nur in der Minderheit gibt, sind sie doch – Minderheit hin, Minderheit her – leider recht zahlreich, überall vertreten, und es braucht einen langen Atem, sie zu überleben.

8.3. Was Sie auf jeden Fall tun oder nicht tun sollten

Ob gut oder böse, es gibt klare «Do's and Don'ts» für den PR-Profi im Umgang mit der Presse.

Do's – was Sie auf jeden Fall tun sollten:
- die Fachjournalisten so gut wie möglich kennenlernen und ihre Bedürfnisse kennen
- schnell, kompetent und zuverlässig arbeiten
- die genauen Hintergründe Ihres Unternehmens kennen, gute Interviewpartner vermitteln
- freie Journalisten genau gleich behandeln wie fest angestellte Redakteure
- Versprechen und Termine einhalten
- Redaktionsschlüsse kennen
- aktuelle News mit hohem Nutzwert verbreiten

Don'ts — bloß nicht!

- Nachfassaktionen, ob denn die Pressemitteilung angekommen sei und ob denn nun darüber etwas erscheint
- mit stoischer Regelmäßigkeit die gleichen langweiligen Themen servieren
- auf keinen Fall den Ansprechpartner für die Presse ständig wechseln — so entsteht nie eine nähere Bindung
- sich als guten Anzeigenkunden bezeichnen, um den Redakteur unter Druck zu setzen. Presserechtlich sind diese Kopplungsversuche nämlich nicht erlaubt, und es kommt auch ganz schlecht an.
- Arroganz oder Dauerschleimerei sowie maßlose Übertreibung in der Beweihräucherung des eigenen Unternehmens oder unwahre Informationen
- Journalisten gegeneinander ausspielen und klare Bevorzugung einzelner, sich konkurrierender Medien

9. Pressereise – Lust oder Frust?

Wie Sie bereits aus den vorherigen Kapiteln herausspüren konnten, spielt in der Touristik die Pressereise eine sehr große Rolle. Während in anderen Branchen Journalisten zum Beispiel zu einem Event eingeladen werden, an dem sie neue Produkte testen können – ich denke hier gerade an Autojournalisten, die ständig zu Testfahrten neuer Modelle eingeladen werden –, so werden Reisejournalisten in erster Linie mit auf Reisen genommen, um sich selbst vor Ort einen Eindruck über eine Destination, eine Airline oder eine Hotelkette zu verschaffen.

Erst wenn man ein Land, eine Region oder eine Art, Urlaub zu machen, selbst erlebt hat und die Ware sozusagen getestet hat, kann man darüber informativ und leserfreundlich, das heißt auf des Lesers mutmaßliche Bedürfnisse abgestimmt, berichten. Pressereisen sind für Reisejournalisten gewissermaßen die optimale Form der Recherche, und es liegt in der Natur der Sache, dass so viel spannendere Reportagen entstehen, als wenn die Redakteure als reine Schreibtischtäter agieren müssen. Zudem entstehen auf Pressereisen auch häufig neue Geschichten, mit denen der Journalist vorher nicht rechnen konnte und die sein Themenspektrum erweitern.

Für das touristische Unternehmen, das zur Pressereise einlädt, kann sich eine Pressereise sehr lohnen, vorausgesetzt, es macht seine Hausaufgaben, lädt die richtigen Medien ein, findet das passende Programm und kann die Reisejournalisten vom jeweiligen Produkt begeistern. Nicht selten werden nach einer Pressereise zehn bis zwölf qualitativ hochwertige Artikel (je nach Teilnehmerzahl) in auflagenstarken oder für bestimmte Zielgruppen wichtigen Medien veröffentlicht, so dass sich die immensen Kosten einer Pressereise allemal rentieren.

Innerhalb einer Marketingstrategie ist die Pressereise eine unerlässliche, flankierende Maßnahme, um Zielgebiete oder spezifische Produkte in den Medien zu positionieren.

Um die Pressereise nicht zur Frustreise werden zu lassen, sind zahlreiche Punkte bereits in der Vorbereitung zu beachten, die etwaige Störfaktoren bereits von Anfang an unterbinden.

9.1. Die Einladung und wer kommt mit

Die Auswahl ihrer mitreisenden Medien sollten Sie auf die Zielgruppe Ihres touristischen Produktes abstimmen, je nachdem, ob es sich um ein reines Ferienvergnügen für Familien handelt, es etwas nur für Geschäftsreisende ist oder um ein reines Outdoor-Programm für Sportfanatiker. Überlegen Sie also zunächst genau, zu welchem Medium dieses Thema passen würde, bevor Sie blindlings Einladungen verschicken.

Schicken Sie die Einladung mindestens sechs Wochen vor Abreise direkt mit persönlicher Ansprache an den Reiseressortleiter und weisen Sie darauf hin, dass Sie ihn, einen Vertreter aus der Reiseredaktion oder einen freien Journalisten, der für die Reiseredaktion arbeitet, herzlich einladen. Dies soll verhindern, dass man Ihnen einen fachfremden Journalisten mitschickt, der sich vielleicht nur auf Ihre Kosten ein paar schöne Tage machen will und schon von Anfang an nicht die Absicht hat, überhaupt zu berichten.

Wie mir aus direkter Quelle bestätigt wurde, werden Pressereisen oft wahllos in den Redaktionen verteilt und sozusagen als Belohnung an verschiedene Mitarbeiter verteilt, nach dem Motto: «Wer wollte schon immer mal nach Südamerika?», «Wer hat Lust auf eine Fahrt mit der transsibirischen Eisenbahn?» oder «Wer kennt die Sahara noch nicht?».

Diese Vorgänge sind besonders ärgerlich, da diese Person einen Reiseplatz eines anderen, professionell in der Reisebranche arbeitenden Journalisten besetzt und von daher schon mit geringerer redaktioneller Ausbeute zu rechnen ist.

Ich hatte ein einschneidendes Erlebnis, als ich bei einer Pressereise den Reisejournalisten eine bestimmte arabische Destination vorstellen wollte und zu dieser absoluten «Luxusreise» auch einen Vertreter eines Printmediums mitnahm, der die Einladung des Reiseressortleiters an sich genommen hatte. Besagter Herr war an der gesamten sechstägigen Reise nur selten zu sehen. Er interessierte sich nicht für den Rest der Gruppe, nahm nur an wenigen Programmpunkten teil, beim Dinner verschwand er spätestens nach 20 Minuten wieder, und schließlich mietete er sich noch ein Auto und verschwand für zwei Tage in eine Region, in die Ausländer und Touristen nicht fahren sollten. Sein Kommentar vor Abreise: «Wenn ich bis zum Abflug nicht aufkreuze, können Sie mich ja bei der Polizei als vermisst melden.» Zum Glück tauchte er wieder rechtzeitig und unversehrt auf. Allerdings stand bereits nach wenigen Tagen nach unserer Rückkehr sein riesiger Artikel im politischen Teil seiner Zeitung, in dem er einen fanatischen, predigenden Mullah auf einem Foto ablichtete und ausschließlich über die Machenschaften von schiitischen Untergrundkämpfern des besuchten Landes berichtete.

Ich glaube, ich war noch nie so sauer auf einen Teilnehmer meiner Pressereisen und schrieb zum ersten und einzigen Mal in meiner Laufbahn einen erbosten Brief an den zuständigen Chefredakteur. Eine bezahlte und recht teure Reise eines Touristikunternehmens derart schamlos für eigene Recherchezwecke, die rein gar nichts mit dem Tourismus zu tun haben, zu missbrauchen, widersprach jeglichem ethischen Presseverständnis.

Achten Sie also ganz genau, wer da für die Pressereise angemeldet wird. Ein Sportredakteur, der ausschließlich über Leichtathletik und Fußball berichtet, hat auf der Tourismus-Pressereise ehrlich gesagt nichts verloren. Genau aus diesem Grund greift man natürlich auch immer wieder gerne auf bekannte Journalisten zurück, die bereits mit einem auf Reisen waren, gut und professionell gearbeitet und sich auf der Reise nicht so daneben benommen haben, dass das komplette Reisegefüge oder die Gruppendynamik auseinanderfiel.

So mancher lässt nämlich gerne auf der Pressereise die Sau raus, besäuft sich nächtelang an der Hotelbar und verstimmt die anderen Reiseteilnehmer, was für alle Beteiligten sehr unangenehm ausfallen kann. Auch wenn der Veranstalter dafür nicht verantwortlich ist, leidet die Atmosphäre unter diesen Ausschweifungen der Störenfriede und hinterlässt einen fahlen Nachgeschmack.

Mancher Profi fühlt sich dadurch auch beleidigt, mit derartigem «Pöbel» zusammen reisen zu müssen. Um einige Erfahrungen dieser Art wird der PR-Verantwortliche in der Touristik wohl oder übel nicht herumkommen. Aber mit der Zeit kennt man seine «Spezialisten» besser und weiß auch besser damit umzugehen – da kann man sich dann auch gerne einmal mit unverfrorener Direktheit mit der jeweiligen Person auseinandersetzen und klare Ansagen machen, um nicht den anderen Teilnehmern die ganze Pressereise zu verderben.

Die Teilnehmerzahl darf im Übrigen nicht zu hoch sein. Maximal zehn bis zwölf Personen sind das höchste der Gefühle, um die Reise einigermaßen persönlich zu gestalten und einen Überblick zu behalten. Große Reiseveranstalter laden immer wieder zur Katalogpräsentation oder zur Vorstellung einer neuen Destination gleich 200 Journalisten für mehrere Tage an einen Ort ein und ziehen dort ein Massenprogramm durch, bei dem jeglicher persönlicher Touch auf der Strecke bleibt. Davon halte ich nicht viel.

Pressereisen für einzelne Personen anzubieten ist eine weitere Möglichkeit, allerdings auch sehr arbeitsaufwändig. Man muss zum Beispiel verschiedene Flüge buchen, Hotelunterkünfte, einen Fahrer und einen Guide für den Journalisten, Ansprechpartner bei den Tourismusbehörden und so weiter organisieren. Dann kann man das Ganze auch gleich für eine Gruppe durchführen.

Einzel-Pressereisen verschlingen zwar nicht gleich so viel vom Budget, sind aber sicherlich nicht geeignet, um eine flächendeckende Berichterstattung und eine gezielte Positionierung eines touristischen Produkts zu erzielen. Allerdings gibt es aber auch Medien, die prinzipiell nicht an Pressereisen teilnehmen, weil sie keine Lust haben, das gleiche Thema wie mehrere andere Medien zeitgleich angeboten zu bekommen. Sie bestehen auf Exklusivität und akzeptieren lediglich Einzel-Pressereisen, weil sie sonst nicht über das Thema berichten. Da gilt es dann abzuwägen, wie wichtig das Erscheinen eines Artikels in diesem Medium für ein Unternehmen ist und ob der Aufwand vertretbar ist.

Für die Einladung zur Pressereise müssen ein oder mehrere Themen herausgearbeitet werden, die das Reiseprogramm bestimmen und deren fachliche Aspekte Reisejournalisten hinter dem Ofen hervorlocken sollen. Nachrichtenwert, Kurioses, Aktualität oder Trends spielen für eine Zusage eine große Rolle.

Über Absagen darf man nicht allzu enttäuscht sein, denn man muss sich immer klarmachen, dass gerade Reisejournalisten mit Einladungen zu Pressereisen überhäuft werden. Sie könnten wahrscheinlich durchgehend das ganze Jahr zu den exotischsten Destinationen fliegen, ohne überhaupt einen Tag in der Redaktion zu verbringen, geschweige denn in der eigenen Wohnung zu übernachten. Aber irgendwann muss auch einmal gearbeitet werden, Artikel müssen geschrieben oder Beiträge geschnitten und produziert werden.

Zudem hat es sich in den letzten Jahren in den Reise-Redaktionen durchgesetzt, dass Journalisten auch teilweise ihre Urlaubstage für die Dienstreisen opfern müssen und von daher nicht ständig unterwegs sein können. Ich habe es mir angewöhnt, bei Pressereisen wenn möglich noch einen Samstag oder einen Sonntag hinzuzuziehen, damit den Journalisten nicht zu viele Urlaubstage verloren gehen.

Gerne fragen Reisejournalisten auch, ob sie ihren Partner mitnehmen können. Einige Mal habe ich diese Bitte akzeptiert, nur um zu dem Schluss zu kommen, dass es den Reisezweck sabotiert. Mitreisende Partner stören die Gruppe, haben manchmal andere Interessen, sind oft anstrengender als die Reisejournalisten selbst, besetzen unnötigerweise einen der meist begrenzten Plätze und verursachen sinnlose Kosten. Auch wenn die Journalisten einem anbieten, die Kosten für den Partner selbst zu tragen, sollte man ablehnen. Die übrigen Reiseteilnehmer wundern sich dann nämlich, wieso da jemand seinen Partner mitnehmen durfte, und es entsteht Neid.

Würde man von Anfang an die Einladung mit Partner aussprechen, könnte es sein, dass zehn Journalisten plus zehn Partner zusagen, die Gruppe so mit 20 Personen den Rahmen sprengt und man sich in immense Unkosten stürzt. Ein Journalist fragte mich bei einer dreitägigen Pressereise nach Paris, ob er seine Frau mitnehmen könne. Als ich verneinte, war er sehr enttäuscht und meinte, er hätte schon immer seiner Frau versprochen, sie mal nach Paris einzuladen, und das wäre doch jetzt die einmalige Gelegenheit, dieses Versprechen ohne jegliche Kosten für ihn durchzuführen ... Es gibt auch Journalisten, die nur mit auf die Reise kommen, wenn der Partner mit darf – aber dann tut es mir Leid: Auf Erpressungen reagiere ich allergisch.

Um dieses Hindernis zu umgehen, behaupten viele Journalisten, sie könnten nur mit ihrem Fotografen/ihrer Fotografin mitkommen, denn nur mit diesen Fotos würde das Medium den nachher produzierten Artikel akzeptieren. Bei genauer Recherche stellt man dann fest, dass die beiden zufälligerweise an der gleichen Adresse wohnen, während der gesamten Reise eines der beiden gebuchten Einzelzimmer leerstehen lassen, heimlich am Abend zusammen in dasselbe Zimmer schleichen und der angebliche Fotograf wie jeder andere Tourist mit einer Null-Acht-Fünfzehn-Digicam unterwegs ist und keinerlei Ahnung von Fotografie hat. Manche glaubten doch allen Ernstes, ich würde das nicht merken.

Vorsicht ist auch geboten, wenn man bei der Pressereise TV-Medien mit Hörfunk und Printmedien mischen will. Allein schon aufgrund der völlig anderen Arbeitsweise ist davon abzuraten. TV-Teams haben völlig andere Bedürfnisse, können einen geplanten Programmrahmen nur begrenzt einhalten und deshalb nur schwer gemeinsam mit Journalisten der Printmedien betreut werden. Mitarbeiter vom Hörfunk hingegen können gut bei einer Pressereise mit Print-Journalisten untergebracht werden. Während die schreibende Zunft den Bleistift zückt, sammelt der Radioreporter O-Töne. Hier habe ich sehr gute Erfahrungen gemacht. Vor einer Reise, die sich aus Reisebüroagenten und Journalisten zusammensetzt, muss allerdings entschieden gewarnt werden – die Erwartungen und Bedürfnisse sind wirklich zu unterschiedlich.

Und wie sieht es mit verschiedenen Nationalitäten aus? Diesbezüglich erinnere ich mich an positive als auch negative Erlebnisse. Voraussetzung für eine gemischte Gruppe ist, dass jeder Teilnehmer gutes Englisch spricht (was erstaunlicherweise trotz Reisebranche nicht immer selbstverständlich ist) und man so einen Weg findet, alle in sprachlicher Hinsicht unter einen Hut zu bringen.

Ich vergesse wohl nie eine Presse-Rundreise durch Israel, Jordanien und Ägypten, bei der die Teilnehmer aus fünf verschiedenen Nationen stammten und alle Mitreisenden davon besonders angetan waren. Das lag vielleicht aber auch daran, dass wir mitten in der Felsenstadt Petra, wo normalerweise eher ein Wüstenklima herrscht und die Einwohner seit 50 Jahren keine Schneeflocke gesehen hatten, eingeschneit wurden, der komplette Reiseplan in sich zusammenstürzte und wir ein völkerübergreifendes

Gemeinschaftsgefühl entwickelten. Noch heute ist diese Reise den teilnehmenden Journalisten positiv in Erinnerung.

Ein anderes Mal war ich mit einer Pressegruppe unterwegs, bei der die eine Hälfte der Teilnehmer aus der französischen und die andere Hälfte aus der deutschen Schweiz kam. Eine einzige Katastrophe! Die Journalisten unterhielten sich strikt nur mit Gleichsprachigen und saßen mit ihnen auch an denselben Tischen. Diese Mentalitäts- und Sprachunterschiede werden in der Schweiz gern «Röschtigraben» genannt, obwohl diese Kartoffelspeise auch in der Romandie viele Liebhaber hat. Hier aber war der Röschtigraben, der angeblich die beiden Teile der Schweiz trennt, unübersehbar. Am zweiten Tag bestanden die französischsprachigen Journalisten auf einem Tourguide ihrer Sprache sowie auf einem eigenen Bus – die Reise lief extrem aus dem Ruder, und ich war froh, als ich wieder zu Hause ankam.

Gemischte Gruppen können also schnell zur Gratwanderung werden.

Um dem Reisejournalisten vorab schon möglichst viele Informationen über die anstehende Pressereise zu bieten, sollten in der Einladung enthalten sein:
• das Programm mit genauer Hin- und Rückreisezeit,
• die Tagesabläufe,
• die Besichtigungen,
• die Termine mit Offiziellen und
• die Adressen der Hotels, in denen übernachtet wird.

Nur so kann der Interessierte sich ein genaues Bild machen. Vergessen Sie auch nicht etwaige Impfungsbestimmungen oder Pass- und Visapflichten. Auch wenn dies kaum vorstellbar scheint, so musste doch mancher Reisejournalist schon zu Hause bleiben, weil er erst am Flughafen prüfte, ob sein Reisepass noch gültig war.

Klima- und Kleiderfragen sollten ebenfalls im Vorfeld behandelt werden, denn vielleicht braucht es feste Sportschuhe für einen Ausflug oder ein Abendkleid für den anstehenden Opernball.

Unbedingt ist auch darauf einzugehen, wer welche Kosten übernimmt, damit von vornherein die finanziellen Fronten geklärt sind.

Ein vorgefertigtes Antwortfax, das bis zu einer bestimmten Deadline beantwortet werden muss, darf auf keinen Fall fehlen und muss dem Redakteur die Möglichkeit für eine Absage oder aber für den Namen eines Mitarbeiters seines Reiseressorts beziehungsweise eines freien Mitarbeiters bieten.

Übrigens hängt die Dauer der Reise von der Destination ab. Will man «nur» den weltweit ersten unterirdischen Spa in Deutschland vorführen, reichen zwei Tage völlig aus. Wird ein Langstreckenflug benötigt, um ans Ziel zu kommen, kann die Reise schon mal eine Woche dauern. Zu beachten ist dabei auch die Reisezeit. Vor der jeweiligen Saison ist nichts los, mitten in der Saison hat es keine freien Betten oder Flüge, und am Ende der Saison sind schon alle im Tourismus Arbeitenden abgenervt. Termine wie Regenzeit, Ramadan, kurz vor Weihnachten, Sommerurlaubszeit oder wichtige Reisemessen können sich ebenfalls ungünstig auswirken.

9.2. Wer trägt die Kosten?

Da Pressereisen bekanntlicherweise ein Unternehmen recht teuer zu stehen kommen, macht es Sinn, Kooperationen mit anderen Touristikern einzugehen. So können zum Beispiel eine Airline und eine Hotelgruppe mit Unterstützung eines Fremdenverkehrsamtes eine gemeinsame Pressereise anbieten, um die Kosten zu verteilen und jeden am Erfolg teilhaben zu lassen.

Die Airline oder der Reiseveranstalter übernimmt die Flüge, die Hotelkette stellt die Betten und die Bewirtung zur Verfügung, und das Fremdenverkehrsamt der Destination kommt für den Bus und den Reiseführer vor Ort auf und organisiert diverse Programmpunkte.

Alle teilnehmenden Parteien erhalten auch während der Reise die Möglichkeit, ihre Informationen direkt an die Journalisten weiterzugeben und ihr jeweiliges touristisches Produkt zu präsentieren. Damit ist allen gedient, und die Kosten bleiben überschaubar.

Doch ganz so einfach ist es nicht immer, eine Airline für solch einen Event zu begeistern, da sich dort die Anfragen stapeln und kostenlose Tickets nicht in unbegrenzter Zahl herausgegeben werden können. Es hängt vor allem davon ab, ob alle auch die gleiche Region oder das passende Produkt promoten möchten und ob es in die derzeitige Strategie des jeweiligen Kooperationspartners passt. Für Journalisten werden in der Regel folgende Aufwendungen bezahlt:

- die An- und Abreise
- die Übernachtung und Verpflegung (Halbpension)
- Eintrittsgelder
- Transfers
- Ausflüge und
- die offiziellen Essen und Programmpunkte

Ganz klar muss in der Einladung stehen, dass private Ausgaben des Journalisten wie zum Beispiel Telefongebühren, Minibar oder Drinks an der Hotelbar selbst bezahlt werden müssen.

Trinkgeld ist auch immer wieder so ein Thema auf Pressereisen. Mir ist es immer peinlich, wenn die Pressegruppe zu einem Essen in ein tolles Restaurant eingeladen ist, ein fantastisches Dinner serviert bekommt und das Personal hoch aufmerksam und zuvorkommend arbeitet, und am Ende kein einziger Journalist auch nur einen Euro Trinkgeld liegen lässt – zumal er oder sie ja sowieso auf der ganzen Reise so gut wie kein Geld benötigt.

Meist ging ich dann beim Gehen noch mal schnell zu den Kellnern und gab eine größere Summe für alle zusammen, weil mir die enttäuschten Gesichter so zu Herzen gingen. Oder wenn ein Tourguide fünf Tage lang für alle Anliegen der Mitreisenden rund um die Uhr da ist, sich jeglicher Sonderwünsche annimmt und zudem auch noch eine tolle Stimmung in der Gruppe erzeugt hat, ließ ich am Ende der Reise einen Briefumschlag kreisen für eine kleine Trinkgeldsammlung. Auch hier stieß ich manches Mal auf Unverständnis der Journalisten, was mir aber mit der Zeit gleichgültig war – denn schließlich sparen sie sich ja auf Pressereise einiges an täglichen Ausgaben, die normalerweise zu Hause anfallen würden, und zudem sind sie in der Zeit meist bestens und recht luxuriös versorgt.

9.3. Die Programmgestaltung

Ganz entscheidend für das Gelingen von Pressereisen ist ein ansprechendes Programm, das den Teilnehmern zwischendurch auch mal erlaubt, Atem zu holen. Eine gute Mischung von Programmpunkten und Ruhezeiten ist gefragt, wobei die einzelnen Aktivitäten oder Besichtigungen nach journalistischen Gesichtspunkten und nicht auf Drängen des jeweiligen Fremdenverkehrsamtes festgelegt werden sollten. Es gibt nichts Schlimmeres, als eine Pressegruppe von einem offiziellen Dinner zum nächsten zu schleppen, denn dabei geht immens viel Zeit verloren, die sinnvoller für die Recherche genutzt werden kann. Außerdem fangen die Journalisten irgendwann mal an zu rebellieren.

Für die verantwortliche PR-Person ist dies nicht immer leicht, weil einfach jeder Tourismusminister, jeder Bürgermeister, jeder Reisebüroagent noch möglichst ausführlich die Pressevertreter in Beschlag nehmen will, und dies meist mit stundenlangen Lunchs oder Dinnern verbunden ist.

Von daher sollten Sie dieses Thema bei der Planung genau absprechen und jedem klarmachen, dass eine derartige Vorgehensweise eher kontraproduktiv wirkt. Gerade in den arabischen Ländern hatte ich damit so meine Probleme, denn wenn die Organisatoren dort von einem kleinen Snack sprachen, konnte man davon ausgehen, dass von einem dreistündigen Essen mit zahlreichen Gängen die Rede war und man so schnell nicht wieder wegkam. Dabei muss diplomatisch vorgegangen werden, ohne die Gastfreundschaft zu verletzen. Denn wenn um acht Uhr gefrühstückt wird und nach dem ersten Programmpunkt schon wieder ein mehrstündiger Lunch folgt, fällt jeder geplante Tagesablauf auseinander und die Gruppe rennt stets dem Zeitplan hinterher.

Bei der Ankunft (oder bereits schon vor der Abreise) macht es Sinn, jedem Journalisten eine Pressemappe mit den wichtigsten Unterlagen, dem detaillierten Programm und der genauen Teilnehmerliste zukommen zu lassen. Gerade am Anfang muss es der PR-Person auch möglich sein, die einzelnen Personen gegenseitig vorzustellen, Begrüßungsworte an die Gruppe zu richten und so auch die Stimmung etwas aufzulockern.

9.4. Weitere essenzielle Tipps

- Täglicher Programmbeginn sollte nicht vor 9 Uhr morgens, Programmende nicht nach 22 Uhr sein.
- Planen Sie Freizeit und Pausen für die Teilnehmer ein, damit sie auch auf eigene Faust etwas anschauen können, was vielleicht nicht auf dem Reiseprogramm steht. Ich habe meist einen halben Tag zur freien Verfügung gegeben, so dass genug Zeit für eigene Recherchen und Interessen des Journalisten blieben. Wichtig sind auch kleinere Pausen zwischen Rückkehr von einem Ausflug und dem Abendessen.
- Zeigen Sie bei Hotelbesichtigungen nicht alle 24 Zimmertypen und jeden Bankettraum, schließlich sind Sie nicht mit Hoteleinkäufern unterwegs.
- Organisieren Sie geeignete Gesprächspartner, die die Region, das Land und das touristische Angebot kennen und kompetent Auskunft geben können.
- Lassen Sie auf keinen Fall rund um die Uhr die gleichen einheimischen Speisen servieren. Natürlich gehören eine Paella in Spanien oder türkische Mezzeplatten, bis der Tisch sich biegt, dazu, aber nicht drei Tage hintereinander. Denken Sie auch daran, dass es in der Gruppe meist Vegetarier gibt.
- Das Programm sollte so gestaltet sein, dass kleinere Verzögerungen wie unerwartete Fotostopps auf der Reiseroute nicht gleich den ganzen Tagesablauf durcheinanderwirbeln.
- Bei Abendveranstaltungen oder Dinnern außer Haus

muss es eine Rückfahrgelegenheit für die Personen geben, die sich nicht die Nacht um die Ohren schlagen möchten.

- Journalisten sind einem gewissen Luxus sicherlich nicht abgeneigt, aber man darf es nicht übertreiben, sonst sieht das schwer nach Bestechung aus.

- Geschenke in kleinem und nicht allzu teurem Maß sind erlaubt, sollten aber nicht die Gepäckkapazitäten des Journalisten sprengen. Oft wird auf Pressereisen so viel Informationsmaterial verteilt – hier noch ein Bildband über die Region, da noch eine Flasche Wein vom Bürgermeister –, dass alles gar nicht mehr in das Gepäck passt. Daher macht es Sinn, den Journalisten anzubieten, gewisses Informationsmaterial im Anschluss an die Reise auch nach Hause zu schicken. Kleine Geschenke, die typisch für die Region und vielleicht auch originell sind, kommen sicher gut an und erinnern den ein oder anderen noch eine ganze Weile im Nachhinein an eine gelungene Reise.

9.5. Schreibpflicht?

Professionelle Journalisten sagen nur zu einer Pressereise zu, wenn sie schon im Voraus wissen, wo sie einen Beitrag über die Destination oder das touristische Angebot unterbringen können, auch wenn das vielleicht noch einige Monate dauern kann.

Fest angestellte Redakteure haben ja auch mehr oder weniger einen Themenplan ihres Mediums zur Hand und kennen die zukünftigen Schwerpunkte. Wenn also gerade in einer Tageszeitung ein fünfseitiges Reisespecial zum Thema Irland publiziert wurde, kann man davon ausgehen, dass in naher Zukunft nicht schon wieder Beiträge zur grünen Insel gedruckt werden.

Manchmal landen aber auch Einladungen zur Pressereise beim Journalisten mit exaktem Timing, und zufällig ist das Thema der Reise in der nächsten Zeit beim Medium aktuell. Insgesamt gesehen ist bei Pressereisen ein Geben und Nehmen üblich – wie so oft in der Symbiose von Reisejournalist und PR-Person wäscht auch hier eine Hand die andere.

Natürlich gibt es keinen Vertrag mit den Journalisten, der besagt, dass sie verpflichtet sind, eine Pressereise schriftlich zu verarbeiten. Dazu kann niemand gezwungen werden, und das wissen die Vertreter der Presse auch. Manchmal wird dies schamlos ausgenutzt, und so mancher Journalist sagt für eine Reise zu, obwohl er oder sie weiß, dass von seiner Seite keine einzige Zeile veröffentlicht wird.

Im Großen und Ganzen schreiben aber fast alle, denn wer kann es sich schon erlauben, tagelang zu verreisen, einen Teil der Arbeitszeit und/oder einen Teil des Urlaubs zu opfern, ohne dabei produktiv zu sein? Hin und wieder kann es auch vorkommen, dass die Beiträge erst viele Monate nach der Reise erscheinen, weil es erst dann im Medium Platz dafür gab oder weil dann erst der passende Schwerpunkt auf dem Themenplan steht. Das teilen einem die Journalisten oft mit, und somit weiß die PR-Person, was noch zu einem späteren Zeitpunkt zu erwarten ist.

Andere aber schreiben nie, und wenn die Mehrzahl der Gruppe dies tut, hat der PR-Verantwortliche effektiv ein Problem. Schließlich wollen Kooperationspartner, teilnehmende Airlines oder Hotels auch Ergebnisse sehen. Wenn sich dann aber alle mächtig ins Zeug gelegt haben und es erscheinen so gut wie keine Beiträge über die Reise, wirft das einen dunklen Schatten auf die PR-Person.

Rechtfertigungen sind angesagt, und bei einer weiteren Reise werden sich die Beteiligten nicht mehr so schnell für eine derartig arbeitsaufwendige und kostenintensive Aktivität begeistern lassen. Von daher sichert sich der langjährige PR-Profi dadurch ab, dass er oftmals ihm wohlbekannte Journalisten zur Pressereise mitnimmt, von denen er weiß, dass später ein Beitrag mit Sicherheit entsteht. Nur sie sind die Garanten dafür, dass hinterher keiner mit leeren Händen dasteht.

9.6. Das Follow-up

Einige Tage nach der Pressereise kann man die Teilnehmer der Reise gerne noch einmal anrufen oder anmailen und fragen, ob denn alle gut nach Hause gekommen sind und ob es noch Bedarf an gewissen Informationen gibt. Direkt nach einem Veröffentlichungstermin zu fragen ist vielleicht etwas zu direkt und fordernd, in den «zweifelhaften Fällen» aber manchmal noch ein Wink mit dem Zaunpfahl. Schließlich hat man sich die ganze Arbeit nicht umsonst gemacht.

9.7. Und wie sieht das die VDRJ?

Die Vereinigung Deutscher Reisejournalisten (VDRJ) hat das Thema Pressereise als wichtigen Punkt in ihre Charta aufgenommen und gewisse Verhaltensregeln, die sehr begrüßenswert sind, für Reisejournalisten festgelegt:

«Wir nehmen Presseeinladungen nur wahr, wenn ein journalistisches Interesse vorliegt. Wir halten Zusagen ein und sagen nur aus zwingenden Gründen und dann unverzüglich ab.

Zur Berichterstattung sind wir grundsätzlich nicht verpflichtet. Haben wir Zweifel, ob wir berichten werden, so weisen wir den Einladenden bereits bei der Zusage darauf hin. Wenn wir nachträglich von einer Berichterstattung absehen, informieren wir den Einladenden über die Gründe.

Wir lassen uns nicht mit Partner und Kind auf Pressereisen einladen − es sei denn, die Recherche verlangt es.

Wir achten Dienstleistung und geben Trinkgeld.

Wir achten die Rolle des Gastgebers. Wir bezahlen unser Telefon, unsere Rechnung an der Bar, unsere Minibar, unsere Anreise bis zum vereinbarten Ausgangspunkt selbst.»

10. Kundenzeitschrift oder Newsletter: das richtige Infomarketing im Tourismus

Einen ganz besonderen Stellenwert in der Neugewinnung von Kunden sowie in der Kundenbindung nehmen mit Sicherheit die Publikationen ein, die das Infomarketing eines Touristik-Unternehmens vorantreiben.

Regelmäßig erscheinende Kundenmagazine oder Newsletter unterstützen eine wirkungsvolle Kommunikation, das heißt, anders als beim Gießkannen-Prinzip in der Werbung werden sie gezielt und nachhaltig eingesetzt. Kundenzeitschriften bieten einen Mehrwert, den Unternehmen heute im Rennen um die Gunst des Konsumenten nicht unterschätzen sollten. Produkte und Dienstleistungen, die eine starke Marke mit ausgeprägtem Kundenservice verbinden, dienen der Imagegestaltung und sind wichtiger Bestandteil ganzheitlicher Unternehmenskommunikation. Kundenzeitschriften verleihen Identität, geben dem Unternehmen ein Gesicht und verbessern die Außenwirkung, aber auch die Kommunikation innerhalb eines Unternehmens.

Zur Stärkung der Position in der Branche ist die Kundenzeitung ein wichtiges strategisches PR-Instrument, das einen regelmäßigen Kontakt mit dem Kunden ohne hohe Streuverluste bietet; die Kommunikation ist ausführlicher und subtiler.

Da profimäßige Kundenmagazine journalistisch gemacht sind, steigt die Glaubwürdigkeit immens – ein redaktioneller Beitrag genießt stets wesentlich mehr Aufmerksamkeit als ein werblicher Beitrag oder eine Anzeige. Die Unternehmen haben erkannt, dass Image-Broschüren allein heutzutage nicht mehr ausreichen, um die Firmenziele zu transportieren, da der Kampf um die Zielgruppen immer härter wird.

Trotz Internetzeitalter erfreuen sich Firmen- und Kundenzeitschriften nach wie vor großer Beliebtheit, vorausgesetzt sie werden mit Professionalität konzipiert, realisiert und optimiert. Eine seriöse Darstellung in Wort und Bild, passende Texte, modernes Layout, quicklebendiger Inhalt sowie interessante Informationen sind Zutaten, um die man dabei nicht herumkommt. Die Qualität beim Inhalt, das Layout und die Herstellung müssen so gut sein wie die Produkte und Leistungen des jeweiligen Unternehmens.

Im Gegensatz zu anderen Medien ist die Kundenzeitschrift Mittel zum Zweck; sie unterstützt die Public Relations und die Verkaufsförderung. Während die regulären Zeitschriften sich im Einzelhandel oder über ein Abonnement verkaufen, werden Kundenzeitschriften kostenlos abgegeben.

Kundenzeitschriften bieten die Möglichkeit, ein eigenes redaktionelles Umfeld zu schaffen, das sich mit professionellen Magazinen messen kann. Der Werbeeffekt eines

Kundenmagazins besteht in einem Bündel von Leservorteilen, die sich aus den klassischen Attributen des Journalismus, wie beispielsweise Betroffenheit, Aktualität und Bedeutung, zusammensetzen. Außerdem kann man den Kunden spezifische Themen besser präsentieren. Unternehmen können durch ein professionell gestaltetes Magazin eine Vielzahl von Inhalten transportieren.

Interessant ist dabei die Feststellung: Je größer ein Unternehmen oder je schwieriger seine kommunikative Aufgabenstellung, desto häufiger verfügen diese Unternehmen über ein Kundenmagazin. Die Top 500 der deutschen Unternehmen verfügen zu 46,6 Prozent über ein oder mehrere Kundenmagazine, im Jahr 2004 gab es laut dem Branchenverband Forum Corporate Publishing e.V. allein im deutschsprachigen Raum rund 3000 Titel – Tendenz steigend.[7]

Jeder, der beschließt, ein Kundenmagazin auf die Beine zu stellen, sollte sich jedoch darüber im Klaren sein, dass so ein Projekt mit hohen Kosten und viel Manpower verbunden ist und es absolut Sinn macht, das Ganze in die Hände einer externen Redaktion zu geben, die Erfahrung mit Kundenzeitschriften hat. Schließlich gehört wirklich viel Fingerspitzengefühl dazu, den Geschmack des Kunden sowie den richtigen Ton zu treffen. Da der Arbeitsaufwand sehr groß ist, sollte sich innerhalb des Unternehmens eine Redaktion aus verschiedenen Abteilungen bilden, die die

---

7. www.forum-corporate-publishing.de

externe Hilfe, wie zum Beispiel ein Redaktionsbüro, eine PR-Agentur oder einen freien Redakteur, mit Material und Informationen versorgt.

Eine ganz wichtige Voraussetzung für den Erfolg einer solchen Publikation ist das regelmäßige Erscheinen des Mediums, wobei die Zeitabstände nicht größer als drei Monate sein sollten, da sonst dem Leser der Zusammenhang fehlt und aktuelle News oder Terminankündigungen bereits veraltet sind. Zudem geht die Kundennähe verloren, und ein offener Dialog ist nicht mehr möglich.

Bevor man aber loslegt, müssen einige Punkte abgeklärt werden: Wer genau ist die Zielgruppe meiner Publikation? Was sind ihre Bedürfnisse und Interessen? Welche Sprachen sind relevant? Und so weiter.

Im Mittelpunkt dieser Fragen steht die zu erwartende Leserakzeptanz, die von der zielgruppengerechten Aufmachung und den inhaltlichen Komponenten abhängt. Kaum ein Unternehmen wird es sich leisten können, nur Teilöffentlichkeiten anzusprechen. Daher müssen klar Schwerpunkte gesetzt werden, und es muss auch in Kauf genommen werden, dass sich der eine oder andere nicht unmittelbar angesprochen fühlt.

Um eine möglichst breite Abdeckung der Leserinteressen zu gewährleisten, macht es Sinn, eine unterhaltende sowie fachliche Kundenzeitschrift zu kreieren, das heißt auf der einen Seite leicht verständliche und unterhaltende Inhalte und auf der anderen Seite auch einmal fachliche Themen aufgreifen, die in leicht verständlicher Sprache eingehender erklärt werden.

Oberstes Gebot und Voraussetzung für den Erfolg der Zeitung ist eine sachliche, journalistische und selbstkritische Aufbereitung. Pure Selbstbeweihräucherung ist hier nicht gefragt und landet normalerweise auch direkt im Papierkorb. Statt Eigenlob und Superlative sind Nutzwert für den Leser und eine neutrale Sprache gefragt. Als Themen bieten sich unter anderem an:

- Editorial des Chefredakteurs, des Geschäftsführers, der Führungskraft
- Innovationen
- neue Projekte und Produkte
- Interview mit Prominenten, die das Produkt getestet haben
- Erfahrungsberichte von Kunden
- Expertenbeiträge
- Leserbriefe
- Gewinnspiele oder Leserbefragung
- Veranstaltungen, Messen
- Terminhinweise
- Glossen
- Forschungsberichte
- allgemeine Marktinformationen
- Vorstellung von Vertriebspartnern
- Standorte, Niederlassungen und Mitarbeiter
- last but not least das Impressum

Abgesehen vom passenden Inhalt ist eine gelungene Aufmachung der absolute «Eye-catcher». Daran scheitert es bei vielen Unternehmen, vor allem die Bildqualität lässt sehr zu wünschen übrig und wirft direkt ein schlechtes Licht auf die Herausgeber.

Ein anspruchsvolles Layout, das auf Ihr Corporate Design abgestimmt ist, eine einladende Typografie und eine gewisse Übersichtlichkeit der Themen und Rubriken sprechen den Leser an und lassen ihn gerne wieder zu Ihrem Magazin greifen. Qualität ist Trumpf. Doch die ist nicht immer gegeben. Wo keine Profis am Werk sind, werden häufig handwerkliche Grundregeln des Zeitschriftenmachens missachtet. Hierzu gehören beispielsweise unzulängliche grafische Gestaltung, falscher Einsatz der Typografie, unprofessionelle Bilder, unjournalistische Texte, unregelmäßiges Erscheinen und minderwertiges Papier.

Wie sieht es überhaupt mit der Beliebtheit von Kundenmagazinen beim Leser aus? Darauf gibt eine repräsentative Umfrage mit 1300 Befragten Auskunft: Der meist genannte Grund für das Lesen von Kundenzeitschriften ist mit 78 Prozent der kostenlose Zugang, gefolgt vom Interesse am Inhalt (56 Prozent) sowie der Erhalt von Infos über Unternehmen/Produkte mit 53 Prozent.

Die Einstellung gegenüber Kundenzeitschriften ist positiv. 69 Prozent gaben an, dass sie durch Kundenzeitschriften auf neue Produkte aufmerksam geworden sind, 55 Prozent empfinden die Artikel als sehr informativ, und 46 Prozent halten sie für ein «willkommenes Service-Angebot» der Unternehmen.[8]

8. Umfrage der Kommunikationsagentur mediaedge:cia unter www.mediaedgecia.de.

Die PR-Wirkung der Kundenzeitschrift klar zu messen ist schwierig, auftretende Synergieeffekte verhindern eine direkte Erfolgszurechnung. Lediglich im Rahmen des Gesamterfolges einer Kommunikationsstrategie ist eine Wirkung zu erkennen. Kleinere Indizien sind Auswertungen von Leserreaktionen wie Briefe an die Redaktion oder eine Leserumfrage, die man hin und wieder (zum Beispiel durch einen zugefügten Umfragebogen) durchführen kann.

Als ideale Ergänzung zur Kundenzeitschrift hat sich in den letzten Jahren das Internet profiliert. Themen, die aus Platzgründen vielleicht in der Kundenzeitschrift nicht ausführlich besprochen werden, können im Internet noch nützlicher und informativer aufbereitet werden. News, die aufgrund der Deadline der Zeitschrift nicht mehr den Weg ins gedruckte Medium finden, lassen sich tagesaktuell im Web abrufen.

Von daher greifen zahlreiche Unternehmen, in erster Linie natürlich auch aus Kostengründen, lieber auf einen E-Mail-Newsletter zurück, um so ihre gebündelten Informationen zum Kunden zu bringen. Über die elektronischen Medien ist der Kontakt zum Kunden noch viel einfacher aufzubauen, jedoch ist ein Printmedium letztendlich immer noch bleibender, nicht so sehr von der Zeit abhängig und einfach greifbarer. Daher kombinieren viele Unternehmen das gedruckte Kundenmagazin mit einem regelmäßig erscheinenden, elektronischen Newsletter.

Der E-Mail-Newsletter ist eine günstige Möglichkeit,

neue Kunden zu begeistern und bestehende Kunden zu binden. Neben der Tatsache, dass der elektronische Newsletter nur einen kleinen Teil vom Versand gedruckter Publikationen kostet, spielt auch der Zeitfaktor eine entscheidende Rolle.

Der Empfänger hat die Nachricht in kürzester Zeit auf dem PC, und gerade bei aktiver Gestaltung lässt sich schnell erkennen, was den Kunden wirklich interessiert. Wichtig hierbei ist es, ein passendes Software-System zu finden, das nicht derart komplex ist, dass man Stunden braucht, um den Newsletter zu erstellen.

Deshalb ist bei der Softwareauswahl gut zu überlegen, welches Programm zu den eigenen Bedürfnissen passt:

- Können Inhalt, Anrede und Betreff personalisiert werden?
- Gibt es eine automatische Verwaltung von An- und Abmeldungen?
- Ist durch detailliertes Reporting eine Erfolgskontrolle gewährleistet? Wie sind die Vorlagen?

Inhaltlich gelten die gleichen Regeln wie für die Kundenzeitschrift – sachlich, interessant, journalistisch aufbereitet und nicht zu viel Eigenlob. Auf keinen Fall sollten Sie ein aufwändiges Layout verwenden, das dann umständlich als PDF-Datei heruntergeladen und ausgedruckt werden muss.

Ansonsten gilt: Kürzer ist besser als lang, häufig kurz ist sehr viel besser als selten lang – Aktualität ist einfach alles. Eine Studie[9] hat gezeigt, dass es sich lohnt, denn gut 21 Prozent der Empfänger lesen ihre Newsletter und immerhin 51 Prozent überfliegen diesen wenigstens. Damit erreichen 72 Prozent der Newsletter mehr oder weniger ihre Adressaten. Grobe formale Fehler sollten daher schon im Keim erstickt werden.

Problematisch ist bei E-Mail-Newslettern die rechtliche Seite, denn eigentlich gelten sie als sogenannter Spam und unterliegen gewissen Datenschutzvorschriften. Im Klartext heißt das: Elektronische Newsletter dürfen nur denjenigen geschickt werden, die auch ihre Einwilligung dazu geben. Um Beschwerden zu vermeiden, sollten Sie darauf achten, dass die Empfänger aktiv die Zusendung genehmigen. In allen weiteren Newslettern muss es daher für den Leser auch immer eine Option geben, die Sendung für die Zukunft abzubestellen. Alle Newsletter erreichen sowieso nicht die Empfänger, da die Spamfilter der Provider oder Firewalls des Betriebssystems die Sendung blocken.

Damit Ihre Nachricht gelesen wird, sollte auch die Betreffzeile so gestaltet sein, dass Interesse beim Leser geweckt wird und er sich auf relevante Informationen oder wertvolle Angebote freuen kann. Eine persönliche Ansprache und ein kurzes Anschreiben bauen den direkten Dialog auf, wobei auch sofort die wichtigsten Meldungen ins Auge stechen müssen.

9. Aus der WWW-Benutzer-Analyse W3B von Fittkau & Maass, einem Marktforschungs- und Beratungsunternehmen in der deutschen Online-Branche unter www.fittkaumaass.de.

Was immer wieder gerne vergessen wird, ist ein Impressum. Ansprechpartner, Kontaktadresse, Telefon und E-Mail-Adresse sind hier vom Gesetz her absolute Pflicht. So erhält man auch ein besseres Feedback, denn PC-Benutzer schreiben schon mal schnell eine Antwort-Mail, während sie sich für das Briefeschreiben wohl kaum die Zeit nehmen würden.

Auch bei der Beantwortung eingegangener Antwort-Mails gilt das Prinzip der Schnelligkeit. Spätestens am nächsten Arbeitstag sollte der Absender eine Antwort erhalten. Wenn eine inhaltlich befriedigende Antwort so schnell nicht möglich ist, geben Sie ihm wenigstens eine freundliche Zwischenantwort.

11. Gekaufte PR oder Anzeige gegen Text

Gekaufte PR-Artikel gehören heute in einigen Medien, besonders in Pseudo-Reisemagazinen, zum täglichen Geschäft. Das Unternehmen schreibt selbst einen Text, liefert Bildmaterial dazu und erhält gegen Bezahlung einen Abdruck, der das jeweilige Produkt natürlich im besten Licht erscheinen lässt. Der Text wird dem Erscheinungsbild des jeweiligen Mediums layouterisch derart angepasst, dass der Leser nicht auf die Idee kommt, es handle sich um eine gekaufte Seite.

Eigentlich besteht die Pflicht, solche Texte mit dem Zusatz «Advertorial» oder «Anzeige» zu kennzeichnen, was aber nicht immer eingehalten wird. Dem Leser wird somit suggeriert, diese Dienstleistungen seien genauso seriös wie das journalistische Umfeld, die Themen einwandfrei recherchiert und man bekäme sozusagen einen Verbrauchertipp aus direkter Hand des Journalisten. Durch die gekauften Inhalte wird natürlich der Journalismus unterwandert.

Der Profi erkennt gekaufte Seiten meist auf den ersten Blick. Ganze No-Name-Reisemagazine füllen so ihre Seiten und finanzieren sich ausschließlich darüber. Viele kleinere Touristikfirmen mit eher unbekannten Produkten greifen gerne zu dieser Maßnahme, um überhaupt einmal einen Abdruck in einem Medium zu erzielen. Da vielleicht kein Journalist Interesse an ihren Dienstleistungen zeigt und sie verzweifelt versuchen, in die Presse zu kommen, ist dies die einfachste Lösung, um ihre Informationen an den Leser zu bringen. Besonders stolz kann man darauf letztendlich nicht sein, denn nichts ist leichter, als eine bezahlte Werbung oder eine gekaufte PR-Seite zu platzieren. Manchmal ist es vielleicht auch die letzte Rettung für eine designierte PR-Person, endlich mal einen Text in einer Zeitschrift vorweisen zu können.

Für das jeweilige Medium sind gekaufte PR-Seiten eine Gratwanderung, besonders dann, wenn zum Beispiel eine Anzeige mit redaktionellen Beiträgen erscheinen soll. Zwar haben sich die Journalisten- und Verlegerverbände mit der werbetreibenden Wirtschaft ursprünglich darauf geeinigt, dass redaktionelle Veröffentlichungen im Textteil unter keinen Umständen die Gegenleistung der Zeitung für Anzeigen sein dürfen; die Praxis sieht heute aber oft anders aus, da der Wettbewerbsdruck in den vergangenen Jahren immens gestiegen ist.

Firmen drohen den Medien, ihre Anzeigen zurückzuziehen, wenn sie dafür keine redaktionellen Beiträge erhalten. Die Anzeigenabteilung liegt den Redaktionen in den Ohren, doch unbedingt etwas über den Anzeigenkunden zu schreiben, damit dieser nicht abwandert. Und Redakteure drücken halt auch hin und wieder ein Auge zu, um jemandem einen Gefallen zu tun. Dass durch Käuflichkeit die Glaubwürdigkeit eines Mediums in Gefahr gerät und man an dessen Interessenunabhängigkeit und Kritikfähigkeit zweifelt, liegt auf der Hand.

Natürlich gibt es in den jeweiligen Landespressegesetzen Paragraphen, die derartige Handlungen als eindeutig unrechtmäßig ansehen und von verbotenen, unlauteren Kopplungsgeschäften sprechen. Eingehalten werden sie aber nicht immer.

12. Pressefreiheit – wie weit darf der Journalist gehen?

«Stell dir vor, Journalist XY hat über uns ganz schlecht geschrieben – der Strand sei voller Müll, das Essen schlecht und der Urlaubsflieger, mit dem er angereist war, lebensgefährlich – was können wir denn jetzt dagegen tun? Der muss das noch mal neu schreiben ...»

Aussagen dieser Art kamen mir meist von PR-Neulingen zu Ohren, die völlig außer sich waren, wenn die Presse Dinge kritisch und subjektiv beleuchtete, anstatt den PR-Tenor eines Unternehmens aufzunehmen. Es ist klar, dass die Aufregung nach einem negativen Artikel oder unangenehmen journalistischen Aussagen groß ist, doch man muss sich auch immer wieder bewusstmachen, dass wir in einer Demokratie leben, und da herrscht nun mal Pressefreiheit – Gott sei Dank!

Der PR-Person wird das Leben damit hin und wieder recht schwergemacht, aber solange der Journalist eine Dienstleistung aus seiner Sicht beurteilt, ist das völlig legitim. Wiederholen Journalisten nur eins zu eins die Aussagen eines Unternehmens, ist dies nicht im Sinne des Erfinders und wirklich zu banal. Reine Schönschreiberei, wenn nicht aus vollster Überzeugung, hilft langfristig keinesfalls der eigenen Glaubwürdigkeit.

Wie oft habe ich nur den Kopf geschüttelt, wenn die Presse eine Pressemitteilung von mir Wort für Wort übernahm und noch nicht mal einen einzigen Satz selbst kreiert hatte. Einerseits fühlte ich mich geschmeichelt, weil mein Text offenbar einwandfrei und pressetauglich war, andererseits machten sich dadurch die jeweiligen Medien lächerlich, weil sie mit ihrem Copy-Paste-Gebaren nicht gerade professionell daherkamen.

In Deutschland ist die Pressefreiheit im Grundgesetz in Art. 5 Abs. 1, S. 2 verankert:

«Jeder hat das Recht, seine Meinung in Wort, Schrift und Bild frei zu äußern und zu verbreiten. Die Pressefreiheit und die Freiheit der Berichterstattung durch Rundfunk und Film werden gewährleistet. Eine Zensur findet nicht statt.»

Der Begriff der Presse umfasst dabei alle Druckerzeugnisse, die sich zur Verbreitung eignen, unabhängig von Auflage oder Umfang. Geschützt sind der gesamte Vorgang der Produktion und Verbreitung wie auch das Presseerzeugnis selbst. Pressefreiheit bedeutet deshalb auch, dass Ausrichtung, Inhalt und Form eines Presseerzeugnisses frei bestimmt werden können, und darüber hinaus, dass Informanten geschützt werden und das Redaktionsgeheimnis gewahrt bleibt. Schließlich unterscheidet Pressefreiheit nicht zwischen seriöser Presse und Boulevardmedien.[10]

10. «Grundrecht der Pressefreiheit».

Freie, pluralistische und unabhängige Medien sind ein wesentlicher Bestandteil jeder demokratischen Gesellschaft. Überall auf der Welt muss jeder Journalist das Recht haben, frei und ohne Angst berichten zu können, da eine Beschränkung der Pressefreiheit auch immer eine Beschränkung der Demokratie ist.

Natürlich verstehe ich eine gewisse Empörung, wenn die journalistischen Ergebnisse, zum Beispiel einer Pressereise oder eines touristischen Events, nicht ganz nach der eigenen Vorstellung ausfallen, aber solange solche Artikel nicht ständig auftauchen und man nur mit negativer Presse zu kämpfen hat, sollte man sich davon keine grauen Haare wachsen lassen. Wenn ein Journalist dauernd herummäkelt, dann wird man ihn als Konsequenz einfach nicht mehr einladen und nicht mehr so stark berücksichtigen wie zuvor.

Nehmen negative Berichterstattungen überhand, muss sich das Unternehmen vielleicht auch an der eigenen Nase nehmen und die Punkte, die kritisiert werden, genauer unter die Lupe nehmen. Dies kann unter Umständen bei der Behebung von Unzulänglichkeiten nützlich sein – konstruktive Kritik sollte daher eigentlich willkommen sein. Prinzipiell hilft sich aufregen nicht allzu viel, denn was gedruckt ist, ist nun mal gedruckt und wahrscheinlich schon von hunderttausend Lesern verschlungen worden.

In diesem Zusammenhang wird gerne eine Gegendarstellung verlangt, von der ich nur im äußersten Notfall Gebrauch machen würde. Erstens ist eine Gegendarstellung immer mit dem Ruch behaftet, eingeschnappt auf einen negativ gefärbten Bericht zu reagieren, und zweitens wird der Umstand nochmals schön aufgewärmt, damit auch der letzte Leser des Mediums noch von der Kritik gehört hat. Dann bleibt sie erst recht im Gedächtnis der Leserschaft haften.

Das Recht der Gegendarstellung ist eine Errungenschaft der Französischen Revolution und beruht auf dem Grundsatz *audiatur et altera pars:* Auch der andere Teil soll angehört werden. Eine Gegendarstellung ist die eigene Darstellung eines Sachverhalts, über den zuvor in einem Medium berichtet wurde, durch den Betroffenen selbst. Wer von einem Bericht über seine Person oder Organisation betroffen ist, sollte sich im selben Medium kostenlos artikulieren dürfen. Das Gegendarstellungsverlangen muss dabei unverzüglich nach Kenntnis der Erstveröffentlichung schriftlich an das betreffende Medium gesandt werden.

Das Gegendarstellungsverlangen unterliegt bestimmten Formalien: In erster Linie muss die Gegendarstellung die als unzutreffend beanstandeten Stellen der Berichterstattung genau bezeichnen. Sie muss sich weiter auf tatsächliche Angaben beschränken (Meinungsäußerungen des – möglicherweise zu Recht – empörten Anspruchstellers will an dieser Stelle kein Richter hören!) und vom Einsender unterzeichnet sein.

Die Zeitung, die Rundfunkanstalt oder der Internetanbieter ist sodann verpflichtet, die Gegendarstellung unverzüglich in der nächsterreichbaren Ausgabe des Mediums an derselben Stelle und in derselben Aufmachung zu veröffentlichen wie der beanstandete Text. Der Abdruck einer

Gegendarstellung darf nur dann verweigert werden, wenn diese selbst strafbaren Inhaltes ist. Geht es um eine Äußerung auf der Titelseite, muss auch die Gegendarstellung auf der Titelseite veröffentlicht werden. Dies entspricht dem Grundsatz der Waffengleichheit, wie ihn das Bundesverfassungsgericht zum Beispiel im Caroline-von-Monaco-Urteil zugrunde gelegt hat.

Die Pflicht zum Abdruck der Gegendarstellung setzt *nicht* voraus, dass die zuvor erschienene und nunmehr beanstandete Berichterstattung überhaupt falsch war. Ein Gegendarstellungsanspruch besteht bei *jeder* Pressemitteilung zugunsten dessen, über den berichtet wurde.[11]

Da die Gegendarstellung mit einem großen (formalen) Aufwand verbunden ist und in vielen Fällen einen juristischen Rattenschwanz nach sich zieht, sollte man es sich dreimal überlegen, bevor man diesen Schritt macht, und genau abwägen, ob einen das ganze Aufsehen tatsächlich weiterbringt. Touristische Unternehmen tun sich damit in der Regel keinen Gefallen.

11. «Recht auf Gegendarstellung», Staatsvertrag über Mediendienste, II. Abschnitt, § 10, in den Pressegesetzen der jeweiligen Länder geregelt.

13. Nicht ohne meine PR-Agentur

Es gibt einige Gründe für ein Touristik-Unternehmen, externe Berater einer PR-Agentur zu Rate zu ziehen: Wenn man noch keine oder nur wenig Erfahrung in Public Relations hat, kann eine Agentur dabei helfen, eine Presseabteilung aufzubauen, die Kontakte zu den entsprechenden Medien herzustellen, und das aufwendige Erstellen von Presseverteilern übernehmen. Die Agentur kann

- gemeinsam mit dem Unternehmen PR-Strategien erarbeiten, Ziele festlegen und PR-Maßnahmen konzipieren und umsetzen;
- bei der Planung und Organisation von Pressekonferenzen, Veranstaltungen und Messen behilflich sein;
- die Evaluation der Pressearbeit durchführen;
- als Pressesprecher für ein Unternehmen fungieren und Presseanfragen selbstständig abwickeln.

Auch in Krisensituationen kann es hilfreich sein, eine Agentur hinzuzuziehen.

In den meisten Fällen unterstützen PR-Agenturen Unternehmen bei Kapazitätsengpässen. Manche Pressestellen haben einfach nicht mehr die Zeit, die vielen kleinen Aufgaben selbst zu erfüllen, und greifen daher zeitweise auf die

Mithilfe einer Agentur zurück. PR-Profis sollten erleichtert sein, wenn Aufgaben nach außen gegeben und sie dadurch entlastet werden. So mancher fürchtet durch die Mithilfe einer Agentur an Status zu verlieren beziehungsweise zweifelt an seiner eigenen Kompetez. Seien Sie froh, wenn Ihr Unternehmen das Geld in die Hand nimmt, Sie Unterstützung erhalten und auch einige Aufgaben delegieren können! So haben Sie mehr Luft für Ihre anderen Projekte und bewegen sich nicht stets am Rande Ihres Möglichen ...

Wichtig ist hier in jedem Fall die Auswahl der richtigen Agentur, die zu einem passt, mit der Branche vertraut ist und bei der auch im persönlichen Umgang die Chemie stimmt. Nichts ist problematischer, als auf die falsche PR-Agentur zu setzen, übermäßig viel Zeit mit aufwändigen Briefings zu verbringen und schließlich festzustellen, dass die Zusammenarbeit nicht funktioniert. Die Suche nach der richtigen PR-Agentur sollte daher kein Schnellschuss, sondern gut vorbereitet sein. Ziele müssen kommuniziert und Briefings gut vorbereitet werden.

Es gibt zahlreiche Agenturen, die sich auf Tourismus spezialisiert haben und ausschließlich Kunden aus diesem Bereich betreuen. Auf einer Tourismus-Messe kann es zum Beispiel passieren, dass man beim Besuch der Vertreter einer Airline, einer Hotelkette und eines Reiseveranstalters feststellt, dass alle mit der gleichen PR-Agentur zusammenarbeiten und mit den gleichen Journalisten kungeln.

Meines Erachtens kann man auch mit Agenturen zusammenarbeiten, die nicht auf Tourismus spezialisiert sind, allerdings ist ein Reisespezialist in der Agentur mit Sicherheit von Vorteil. Prinzipiell soll die Zusammenarbeit langfristig angelegt sein, denn es macht bestimmt keinen professionellen Eindruck, wenn man jedes Jahr wechselt. Zudem ist die Einarbeitung einer neuen Agentur sehr zeitaufwändig. Dem detaillierten und intensiven Auswahlverfahren kommt daher eine zentrale Rolle zu.

Der Bund der Public Relations Agenturen der Schweiz (BPRA) beschreibt ausführlich, welche Wege es für die Wahl einer PR-Agentur gibt, und zeigt die bewährtesten auf:

- die Direktwahl, die auf der Grundlage von Empfehlungen oder einer Marktübersicht mit dem geeigneten Partner zustande kommt;
- die Agenturpräsentation, bei der verschiedene Agenturen anhand einer individuellen Kriterienliste direkt miteinander verglichen werden können,
- die Wettbewerbspräsentation, bei der einige Agenturen gegen Honorar eine Aufgabe gestellt bekommen und man an den Ergebnissen die analytischen, konzeptionellen und kreativen Fähigkeiten vergleichen kann.[12]

Wurden mehrere Agenturen in Betracht gezogen, dann muss man sich vor der Entscheidung einige Gesichtspunkte vor Augen führen:

12. Bund der Public Relations Agenturen der Schweiz (BPRA) unter www.bpra.ch, siehe «Kunde und Agentur».

- Können Sie sich mit den Vorschlägen identifizieren?
- Sind die vorgeschlagenen Strategien realisierbar?
- Bringen Sie den Personen eine gewisse Sympathie entgegen?
- Erscheinen sie Ihnen vertrauenswürdig?
- Werden die von Ihnen gegebenen Rahmenbedingungen berücksichtigt?
- Sind die entstehenden Kosten für Sie tragbar?

Ein im Voraus aufgestellter Fragenkatalog kann Ihnen behilflich sein und Sie in Ihrer Entscheidung bekräftigen.

Haben Sie sich schließlich für die Agentur Ihrer Ansprüche entschieden, muss eine kommunikative und offene Zusammenarbeit oberstes Ziel sein. Ermöglichen Sie der Agentur Zugriff auf all Ihre Informationen, auf gutes und professionelles Bildmaterial sowie auf sämtliche Logos. Stellen Sie die neue Agentur in Ihrem Unternehmen vor, damit ihr die nötige Aufmerksamkeit der Kollegen zuteil wird. Regelmäßige Protokolle, Reports zum Stand der Finanzen, genaue Festlegung der Zuständigkeiten sowie Definitionen der Abläufe geben der Kooperation Struktur. Ein ausgezeichneter Informationsfluss ist die halbe Miete.

Wichtig ist vor allem, dass beide Seiten von einer langfristigen Zusammenarbeit ausgehen und Sie Ihre Agentur nicht so schnell wieder wechseln. Werden allerdings dauerhaft grobe Fehler seitens der PR-Agentur begangen, kommen Sie um einen Wechsel wohl nicht herum. Dienstleistungen, die vor der Zusammenarbeit versprochen wurden, aber jetzt nicht verfügbar sind, nicht eingehaltene Termine, schlampiges Arbeiten im Detail, fehlendes Know-how und mangelnde Glaubwürdigkeit sind gute Gründe, eingehend zu hinterfragen, ob man den richtigen Partner an seiner Seite hat oder sich von dem Dienstleister über kurz oder lang trennen muss.

14. Wenn die große Krise kommt

Ein Thema, das nicht nur im Tourismus, sondern auch in anderen Branchen meist stiefmütterlich behandelt wird, ist die Krisen-PR – und zwar genau so lange, bis tatsächlich irgendetwas passiert. Dann ist niemand vorbereitet, ein großes Chaos bricht aus, keiner weiß so recht, was tun, und der bleibende Imageschaden ist manchmal größer, als ihn die eigentliche Krise bewirkt hätte.

Das Wort Krise stammt vom griechischen Wort *krisis* und bedeutet so viel wie eine gefährliche Situation, ein schwieriger Wendepunkt in einer Entwicklung und vor allem auch eine Entscheidung. Man kennt den Begriff aus der literarischen Gattung des Dramas, wo auf dem Höhepunkt des dramatischen Konflikts der Held eine Entscheidung fällt und damit den Umschwung der Handlung einleitet.

Um die Krise zu meistern, geht es stets darum, eine Entscheidung zu treffen. Oft entstehen Krisen im Umgang mit Menschen und den daraus resultierenden Problemen. Krisen können eintreten durch

- eigene Fehler oder Fehlentscheidungen,
- Missverständnisse und Verständigungsschwierigkeiten,
- soziale und kulturelle Unterschiede,

- äußere Umstände, die sich nicht beeinflussen lassen,
- politische Gegebenheiten,
- gesellschaftliche Moralvorstellungen,
- gravierende Konjunkturveränderungen.

Wie weit das jeweilige Unternehmen für eine derartige Krise verantwortlich ist, spielt zunächst keine entscheidende Rolle, viel wichtiger ist es, die Situation mit Hilfe der PR zu lindern und aktiv anzugehen.

Im Tourismus können die Krisen ganz unterschiedlicher Natur sein; die Liste der Möglichkeiten ist lang:

- Naturkatastrophen
- Unfälle
- Brände
- Erpressungen
- Vergiftungen
- Fehler von Mitarbeitern
- Terroristische Anschläge
- Bombendrohungen
- Firmenübernahmen
- Finanzkrisen
- Streiks, Demonstrationen
- Erhebliche Qualitätsmängel
- Skandale innerhalb des Unternehmens

Es muss auch nicht immer gleich die ganz große Katastrophe sein, oft reichen schon kleine und mittlere Krisen aus, um einen erheblichen Schaden bei den Unternehmen, die ja immer mehr im Rampenlicht der Medien und damit der

Öffentlichkeit stehen, zu bewirken. Der Wert bekannter Marken und ein jahrelang aufgebautes Image kann so innerhalb kürzester Zeit vernichtet und das Vertrauensverhältnis zum Kunden, den Mitarbeitern oder zu Investoren zerstört werden.

Das Image zu wahren spielt bekanntlich in der heutigen Zeit eine extrem wichtige Rolle, da die Produkte immer vergleichbarer werden. Ziel der Krisen-PR ist die Erhaltung der Glaubwürdigkeit sowie des Vertrauens in Problemsituationen durch rasches und zweckmäßiges Handeln.

«Klassische» PR beinhaltet als Schönwetter-PR die positive Selbstdarstellung einer Institution, eines Unternehmens oder einer Branche. Bei sich drastisch verändernden Umwelten greift sie nicht mehr. Im Krisenfall geht sie daher auf Tauchstation oder schlichtweg baden«.[13]

Krisenkommunikation und Krisenmanagement gehören deshalb immer öfter zum Standard jeder Unternehmenskommunikation. Das Schlagwort in diesem Zusammenhang lautet «Prävention». Eine proaktive Vorbereitung auf eine außergewöhnliche Lage durch Sicherstellung einer funktionsfähigen Taskforce im Unternehmen, durch bereitgestellte Handbücher und genaue Ablaufpläne für den Fall des Falles sind gefragt.

Im Klartext heißt das, dass man schon an den Krisen arbeiten muss, bevor sie überhaupt passieren. Es muss

13. «Krisen-PR», Beitrag von Jürgen Jaenecke im «Lexikon der Public Relations», Dieter Pflaum, Wolfgang Hieper, Verlag Moderne Industrie, Landsberg/Lech 1989.

überlegt werden, wo Probleme auftreten könnten, wo es Schwachpunkte im Unternehmen gibt, die man vielleicht von vornherein ausgrenzen kann, und wo schon frühzeitig Maßnahmen angesetzt werden können. Dabei sind alle möglichen Szenarien in Betracht zu ziehen, wobei unter anderem klargemacht werden muss, wer wen im Falle der Krise kontaktiert, wer was zu den Journalisten sagt und wie man mit anderen Öffentlichkeiten umgeht.

Natürlich gibt es auch Krisen, mit deren Geschehnissen wirklich niemand rechnen konnte und die völlig unkalkulierbar sind, aber man ist trotzdem schon mal besser gewappnet, als wenn das Krisen-Thema immer wieder verdrängt wird und sich niemand ernsthaft darauf vorbereitet.

Krisenpläne mit genauen Vorgehensweisen für den Fall des Eintretens einer Krise und klare kommunikative Maßnahmen müssen sozusagen schon in der Schublade bereitliegen. Es empfiehlt sich deshalb, einen PR-Krisenplan vorzubereiten und eine Checkliste parat zu haben.

Ähnlich wie bei Feuerwehrübungen, die gesetzlich vorgeschrieben sind und alljährlich wiederholt werden, muss es Übungen zur Krisen-PR geben. Vor allem die Firmenleitung sowie die Führungskräfte eines Unternehmens sollten mit allen Aufgaben und Szenarien vertraut gemacht werden. Externe Firmen bieten spezielle Medientrainings zum Krisenfall an, bei denen vielfältige Rollenspiele auf den Ernstfall vorbereiten und jeder Teilnehmer auch vor die Kamera oder das Mikrofon muss.

Es ist äußerst hilfreich, wenn diese Vorgänge bereits durchexerziert wurden. Auch die Belegschaft sollte in

Workshops vorbereitet werden, wobei stets herausgestellt werden muss, dass zum Wohle aller negative Informationen zuerst der Unternehmensleitung und der PR-Abteilung mitgeteilt werden sollten und nicht ohne Abstimmung an die Presse gegeben werden dürfen. Mitarbeiter sollten Anfragen Dritter mit «kein Kommentar» beantworten und die Anfragen an die Unternehmensleitung weiterleiten. So wird auf jeden Fall vermieden, dass unliebsame Aussagen gemacht werden, sich einzelne Aussagen widersprechen und zur Unglaubhaftigkeit sowie Verwirrung der Öffentlichkeit führen.

Der Worst-Case-Plan muss folgende Punkte beinhalten:
- Wie sind die Informationsabläufe? Wer benachrichtigt wen? Wer darf auf keinen Fall Nachrichten bekommen?
- Wer nimmt Anfragen entgegen? Wer spricht zur Presse?
- Wer gehört zum Krisenstab? Wo und wie sind diese Personen an Sonn- und Feiertagen zu erreichen? Gibt es eine aktuelle Liste?
- Wo können Pressekonferenzen stattfinden?
- Gibt es eine Liste der Medienvertreter, die zuerst benachrichtigt werden müssen? Erst regional, dann überregional?
- Wer gibt Informationen an die Mitarbeiter weiter? Wie wird sichergestellt, dass die Mitarbeiter unverzüglich und nicht zuerst aus den Medien von den tatsächlichen oder vermeintlichen Problemen erfahren?
- Gibt es ein PR-Budget für Krisen?

Eine kleine Checkliste ist auch dem englischen Wort für Krise, nämlich CRISIS als Akrostichon zu entnehmen:

C *Cultivate media relations* – Beziehungen zu den Medien pflegen

R *React appropriately* – angemessen und schnell reagieren

I *Identify spokespeople* – verantwortliche Pressesprecher benennen

S *Substantiate positions* – über die Krise umfassend und genau informieren und wahrheitsgemäß antworten

I *Investigate facilities* – die Medienplanung im Griff haben und die Konferenzräume kennen

S *Specify needs* – Krisenplan vorher erstellen und Mitarbeiter schulen

Feststeht, dass keine Krise wie die andere ist. Aber allen gemeinsam ist die Tatsache, dass unter großem Druck souverän gehandelt werden muss. Einige Beispiele im Tourismus, speziell in der Transportbranche, haben gezeigt, wie man problematische Situationen in der Krise lösen kann.

Nur zu gut erinnere ich mich noch an den Absturz einer MD-11 bei Halifax der Swissair und die vorbildliche, offene und professionelle Kommunikation der Airline.

Überhaupt sind die großen Airlines besonders detailliert auf derartige Krisensituationen vorbereitet. In meiner Zeit in der Unternehmenskommunikation der Deutschen Lufthansa gab es zwar keinen ernsten Vorfall, aber ich hatte genauen Einblick in die Ablaufpläne, Erstellung von Krisenstäben, Kommunikationshandbücher und so weiter, und ich habe selten eine so ausgetüftelte und detaillierte Krisenvorbereitung zu Gesicht bekommen.

Ein anderes Beispiel war die tragische ICE-Entgleisung in Eschede und die Bewältigung dieser Krise für die Deutsche Bahn. Es bedurfte einer sehr komplexen Kommunikation, da auf der einen Seite die Angehörigen der 100 Opfer und die Medien standen, auf der anderen Seite die Justiz und die Politik informiert werden mussten. Ganz besonders kritisch war die laufende Information an die bundesweit tätigen Mitarbeiter, die wiederum vernünftige Auskünfte direkt an den Kunden geben mussten.

Von diesen komplexen Geschehnissen sind kleinere Unternehmen oftmals nicht betroffen, aber die Krise muss ja nicht immer gleich mit 100 Toten verbunden sein. Was passiert, wenn ein Toter in der Hotelbadewanne gefunden wird? Wenn ein Kind im Pool des Hotels ertrinkt? Bei Diebstahl oder Raubüberfall? Wenn in einer Ferienanlage eine Salmonellen-Vergiftung ausbricht?

Die Möglichkeiten sind vielfältig, und eine Vorbereitung auf den Fall der Fälle empfehle ich jeder noch so kleinen Firma, denn von einem Augenblick auf den anderen gerät man ins Zentrum des öffentlichen Interesses, Journalisten geben sich die Türklinke in die Hand, und man befindet sich im Kreuzfeuer der Kritik.

Interne Krisen, die zum Beispiel durch mangelnde Corporate Identity oder auch durch die Unzufriedenheit der Mitarbeiter entstehen können, beeinflussen ebenso die Situation eines Unternehmens. Auch wenn so etwas nicht immer gleich an die Öffentlichkeit kommt, liegt doch eine

Bedrohung vor, und die unzufriedenen Mitarbeiter sind dabei oft Synonym für unzufriedene Kunden. Derartige Problemfälle können ebenso gut mit allen Mitteln der Krisen-PR bekämpft werden.

Manche Touristiker sehen das eigentliche Problem in der Sensationsgier der Medien. Warum wird über die Notlandung eines Flugzeugs tagelang berichtet, während die Verkehrstoten auf der Straße im gleichen Zeitraum kaum eine Zeile wert sind? Die Schwellenfaktoren für das Medieninteresse sind hier schnell auszumachen: nationale Betroffenheit plus Tourismus. Ein Unglück mit Urlaubern bewegt die Menschen mehr als ein Unfall auf dem Weg zur Arbeit. Zwischenfälle im Zusammenhang mit Reisen sind für Journalisten immer ein gefundenes Fressen. Spätestens zwei Wochen nach einem Unglück erlahmt in der Regel das Interesse der Medien. Ob die negative Berichterstattung an einem Unternehmen haften bleibt, hängt davon ab, wie professionell und sensibel es die Krise managt.[14]

Wenn eine Krise ausgebrochen ist, sollten einige Grundregeln beachtet werden:

- Erstes Gebot lautet Ruhe und Nerven bewahren! Chaos und Hysterie nützen keinem.
- Demonstrieren Sie Kompetenz auch im Notfall!

14. «Krisenmanagement», Artikel von Monika Peichl in der Tourismus-Fachzeitschrift «FVW»/Ausgabe 5 vom 26.2.2001.

- Reagieren Sie schnell – Informieren Sie Ihre Mitarbeiter nicht über den Umweg der Medien, sondern direkt!
- Sorgen Sie für einen Hinweis auf alle kurzfristig eingerichteten Services – und richten Sie sie auch ein!
- Kommunizieren Sie offen und ehrlich. Man muss nicht gleich alle Interna ausplaudern, aber etwaige Verantwortung sollte nicht geleugnet werden, sonst wirkt dies eindeutig kontraproduktiv. Zeigen Sie Verantwortungsbewusstsein!
- Legen Sie Fakten und vorhandenes Wissen dar; informieren Sie, was und wie etwas passiert ist und was man vorhat, den Zustand zu ändern. Vermeiden Sie unrichtige und unvollständige Informationen!
- Wird Ihnen allerdings etwas vorgeworfen, das nicht stimmt, sollten Sie klar dagegen Stellung beziehen.
- «Mauern» und Arroganz sind die absoluten Kardinalfehler. «Kein Kommentar» ist unter solchen Umständen wirklich nicht zu empfehlen.
- Zeigen Sie Betroffenheit, vermitteln Sie durch Ihr Verhalten Vertrauenswürdigkeit und Ehrlichkeit.
- Sorgen Sie dafür, dass Ihr Unternehmen nach Möglichkeit kontinuierlich mit einer Stimme spricht: Nur eine Person sollte nach außen auftreten; alle Funktionsträger sollten über die gleichen Informationen verfügen.
- Schildern Sie bei Anfragen die Versorgung der Angehörigen!
- Vermitteln Sie der Öffentlichkeit die professionelle Leistung der Mitarbeiter.

- Erläutern Sie die Notwendigkeit der Nichtveröffentlichung von Namen!
- Beugen Sie durch klare Information den Spekulationen über Ursachen vor.
- Vermeiden Sie «Horrormeldungen» und treten Sie Übertreibungen entgegen!
- Beantworten Sie auf keinen Fall hypothetische Fragen («Was wäre, wenn …?»).
- Klären Sie über die Durchführung der Untersuchungen auf, zum Beispiel Untersuchungen durch Behörden, und weisen Sie darauf hin, dass diese möglicherweise länger dauern können!
- Betrachten Sie die verschiedenen Öffentlichkeiten nicht als Gegner, sondern als Partner. Politiker, Behörden oder Journalisten sind ebenso an der Aufklärung und Beseitigung des Problems interessiert, wie Sie selbst!
- Bevorzugen Sie keine bestimmten Medien oder Journalisten. Hiermit schafft man sich unnötig Feinde, und es wird vermutet, man würde nur wohlgesonnenen Journalisten Informationen zuführen.

In der Krise ist es durchaus legitim und für viele Unternehmen hilfreich, sich kompetente Unterstützung bei einer auf Krisen spezialisierten Agentur zu holen und in dieser Ausnahmesituation das Kommunikationsteam zu verstärken.

Aussenstehende sind weniger betriebsblind und können helfen, die richtigen Entscheidungen zu treffen, Angriffe von Medien zu parieren und glaubwürdig zu kom-

munizieren. Eine Agentur kann professionell die Berichterstattung in den Medien beobachten, blitzschnell Analy-
sen erstellen, Maßnahmen planen, überzeugende Argu-
mentationen ausarbeiten und helfen, erhobenen Hauptes
aus einer heiklen Lage herauszukommen. Voraussetzung ist
natürlich Vertrauen zur jeweiligen Agentur, die zwingend
auf die Bedürfnisse des Kunden eingehen muss, ohne sich
selbst ständig in den Vordergrund zu drängen.

Folgende Bücher empfehle ich zur weiteren Vertiefung
des Themas Krisen-PR:

- Frank Wilmes: *Krisen-PR – Alles eine Frage der Taktik.*
  Die besten Tricks für eine wirksame Offensive. Busi-
  nessVillage, Euro 21,80.
- Hartwin Möhrle: *Kommunikation Krisen-PR.* Frankfur-
  ter Allgemeine Buch, Euro 29,90.
- Ralf Laumer/Jürgen Pütz: *Krisen PR in der Praxis. Wie
  Kommunikations-Profis mit Krisen umgehen.* Daedalus,
  Euro 24,80.

15. Sponsoring – eine andere Variante der PR

Während der Urvater des Sponsorings, der Römer Gaius Cilnius Maecenas (70–8 v. Chr.), zeitgenössische Schriftsteller mit monetären Zuwendungen noch uneigennützig und ohne Gegenleistung unterstützte und deshalb später aus seinem Namen der Begriff «Mäzen» abgeleitet wurde, kommt das moderne Sponsoring unserer Tage ohne Gegenleistung nicht aus. Das Prinzip Leistung und Gegenleistung wird meist als das bedeutendste Merkmal von Sponsoring definiert.

«Sponsoring ist die Planung, Organisation, Durchführung und Kontrolle sämtlicher Aktivitäten, die mit der Bereitstellung von Geld, Sachmitteln oder Dienstleistungen durch Unternehmen zur Förderung von Personen und/oder Organisationen im sportlichen, kulturellen oder sozialen Bereich verbunden sind, um damit gleichzeitig Ziele der Unternehmenskommunikation zu erreichen.»[15]
Womit wir wieder bei der PR wären.

15. Manfred Bruhn: *Sponsoring: Unternehmen als Mäzen und Sponsoren.* Gabler Verlag, Wiesbaden 1991.

Während große Touristik-Unternehmen über eine eigene Sponsoring-Abteilung verfügen und in Absprache mit Werbeabteilung und PR agieren, ist das Sponsoring bei kleineren Unternehmen in der PR-Abteilung zu finden. Kein Wunder eigentlich, dass das Sponsoring so eng mit der Öffentlichkeitsarbeit verknüpft ist, denn Vertrauen und Verständnis für ein Unternehmen in der Öffentlichkeit zu schaffen ist oberstes Ziel sowohl der PR als auch des Sponsorings. Synergien sind hier extrem wichtig. Sponsoring, nur eines von vielen Mitteln, um das Image eines Unternehmens zu verbessern, sollte deshalb in keinem Fall als isoliertes Kommunikationsinstrument gesehen werden. Zeitlich und inhaltlich müssen alle angewandten Mittel ineinandergreifen.

Auch wenn der Sponsoring-Etat nach wie vor nur einen Bruchteil des Werbeetats von Firmen beträgt, so ist das Interesse der Unternehmen für Sponsoring in den letzten Jahren gewachsen, da die Kosten für klassische Werbung stark angestiegen sind und das Sponsoring oft eine kostengünstigere Alternative bedeutet. Zudem erfährt das sponsornde Unternehmen eine viel stärkere Personalisierung und erweckt große Sympathien beim Kunden.

Gerade im Wettbewerb versuchen die Unternehmen, sich von der Konkurrenz abzuheben und mit originellen Werbeformen zu punkten. Profitiert wird vom Imagetransfer und der positiven Wechselwirkung: Wenn eine Firma als Sponsor auftritt, macht sie der Öffentlichkeit deutlich, dass sie eine entsprechende Veranstaltung oder eine Organisation für unterstützenswert hält.

Deshalb schon mal der wichtigste Tipp: Finger weg von umstrittenen Projekten oder Umweltsündern – der Kunde wirft gern alles in einen Topf. Die Sponsoring-Engagements sollten sich am Leitbild des Unternehmens orientieren und eine möglichst breite Akzeptanz in der Bevölkerung haben.

Den optimalen Sponsoringbereich für alle Unternehmen gibt es nicht: Ob Sport-, Kultur-, Sozial-, Wissenschafts- oder Umwelt-Sponsoring – diese Entscheidung muss aufgrund der individuellen Situation und der Bereitschaft zur Begleitkommunikation getroffen werden. Ein Unternehmen, das auf all diese Arten einginge, würde seine Mittel nach dem Gießkannenprinzip ohne einen wirklichen Kommunikationseffekt vergeben. Von Vorteil ist, die Aktivitäten in ein oder mehreren langfristigen, größeren Projekten zu bündeln.

Beim Sponsoring unterscheidet man verschiedene Arten: Beim Titelsponsoring aber auch beim Teamsponsoring im Sport zum Beispiel wird der Name der Veranstaltung oder das Team nach dem Hauptsponsor benannt. Je nach Veranstaltung gibt es eine Vielzahl von Neben- oder Ko-Sponsoren, die entsprechend ihrem finanziellen Engagement gewisse Rechte und Gegenleistungen erhalten.

Daneben gibt es auch Sponsoring mit Sachmitteln oder Dienstleistungen, wobei gerade hier Unternehmen mit kleineren Budgets passende Möglichkeiten ohne allzu großen Kosteneinsatz finden können. Ortsansässige Unternehmen werden auch stark in lokale Verpflichtungen eingebunden, wo das Unternehmen regionale Verbundenheit demonstrieren kann.

Prinzipiell empfiehlt es sich, eine klare Sponsoringpolitik festzulegen, damit man bei den vielen Anfragen eine eindeutige Haltung beziehen kann und sich nicht verzettelt. Nur so werden Zielgruppen optimal angesprochen und formulierte Ziele erreicht. Zudem ist für jede Sponsoringform ein Vertrag unabdingbar, in dem klar die Bedingungen, Leistungen, Gegenleistungen festgelegt und definiert werden.

Mit Sponsoring «erkauft» man sich die öffentliche Bekanntmachung seiner Unterstützungsleistung und darf unter anderem folgende Gegenleistungen erwarten:

- PR-Maßnahmen jeglicher Art (Medienarbeit, Pressekonferenzen und so weiter),
- Sponsoring-Logos auf Plakaten während Veranstaltungen,
- Auslegen von Flyern und Broschüren des Sponsors beim Event,
- einen Stand, an dem der Sponsor sich selbst darstellen kann,
- mündliche Namensnennungen bei Veranstaltungen,
- Kurzporträt des Sponsors in begleitenden Publikationen,
- synergetische Zusammenarbeit mit Ko-Sponsoren,
- Medienkontakte und Anzeigenschaltungen.

Langfristig gesehen soll Sponsoring
- das Image verbessern,
- den Absatz und Umsatz ankurbeln,
- den Bekanntheitsgrad steigern,

- das Unternehmen positionieren,
- Kundenkontakt und -pflege verbessern
- die unternehmensinterne Motivation und Identifikation der Mitarbeiter steigern.

Der Schweizer Reiseveranstalter Kuoni bündelt zum Beispiel sein Sponsoring-Engagement und setzt sich in erster Linie für die SOS-Kinderdörfer ein: «Verantwortung zu übernehmen ist für Kuoni selbstverständlich. Deshalb zielen Sponsoring-Engagements von Kuoni nicht nur auf werbewirksame Beachtung, sondern auch auf ideelle Belange. Das betrifft vor allem die Unterstützung sozialer, kultureller, sportlicher und ökologischer Projekte», so der Text auf der Homepage des Unternehmens.

Und auf der SOS-Kinderdorf-Website liest man: «Der Reiseveranstalter Kuoni engagiert sich seit 1997 auf nationaler und internationaler Ebene für die SOS-Kinderdörfer. Er unterstützt ausgewählte SOS-Kinderdorf-Projekte durch Spenden und Sponsorenaktivitäten. Auf diese Weise gibt das Unternehmen verlassenen Kindern in Ländern, wo es seine Aktivitäten entfaltet, etwas zurück.»

Sehr trefflich erklärt dort auch das SOS-Kinderdorf, warum es für Unternehmen Sinn macht, diese Projekte zu sponsern: «SOS-Kinderdorf geht mit Unternehmen Verbindungen zum Zweck des Sozial-Sponsorings ein. Durch eine solche Partnerschaft erfährt das Hilfswerk Unterstützung aus der Wirtschaft. Umgekehrt profitieren die Partner vom Sympathiewert, den sich SOS-Kinderdorf durch sein vertrauenswürdiges Engagement erarbeitet hat. Die Marke

SOS-Kinderdorf verfügt, besonders in den deutschsprachigen Ländern, über einen hohen Bekanntheitsgrad und Sympathiewert. Diese Eigenschaften sind das Resultat von jahrzehntelanger, glaubwürdiger Arbeit zugunsten bedürftiger Kinder. Von dieser positiven Ausstrahlung können Unternehmen profitieren, die mit SOS-Kinderdorf eine Partnerschaft eingehen.»

Der Nutzen für ein touristisches Unternehmen bei dieser Art von Sponsoring besteht also im Imagetransfer, der einen hohen Sympathiewert, Vertrauenswürdigkeit, hohen Bekanntheitsgrad und positive Ausstrahlung vermittelt.[16] Die Gegenleistung wird ganz klar formuliert.

Die etymologische Herkunft des Wortes «Sponsoring» erfuhr ich erst vor kurzem und habe mich gewundert, wie treffend die Bedeutung des Wortes doch bis heute geblieben ist: Sponsoring leitet sich vom altdeutschen Begriff «Spunse» (Geliebte) oder «Sponse» (Verlobte) ab. Als «alte Spunse» wurden einst auch unkeusche Mädchen beschimpft, und die «Sponsiererin» war früher die gute alte Kupplerin...

16. Sponsoringaktivitäten von Kuoni Schweiz unter www.kuoni.ch oder www.sos-kinderdorf.ch.

16. Viel Lärm um fast nichts – das Fernsehen steht vor der Tür

Bevor es so weit ist und das Fernsehen tatsächlich vor der Tür steht, gilt es, die größte Herausforderung für den PR-Touristiker zu bestehen: Wie komme ich ins Fernsehen? Da vor allem die öffentlich-rechtlichen Rundfunkanstalten teilweise genau darauf achten, keine Schleichwerbung zu produzieren und möglichst keine Firmen- oder Produktnamen zu nennen, ist es auch für große Konzerne gar nicht so einfach, außerhalb der Werbesendungen ins Fernsehen zu kommen – es sei denn, es geht um große Unternehmensfusionen, Konkurse, Skandale, Stellenabbau und sonstige schlagkräftige Themen.

Kommt das Fernsehen also nicht automatisch zu Ihnen, machen Sie das Fernsehen auf sich aufmerksam! Finden Sie zuallererst einmal heraus, welche Programme und Redaktionen für Ihr Themengebiet empfänglich sind, wobei Sie den Blickwinkel nicht zu eng nehmen sollten.

Wenn Sie regelmäßig fernsehen, werden Sie feststellen, dass sich auch Programme jenseits der klassischen Reisesendungen mit Themen aus dem Tourismus beschäftigen. Bieten Sie den Redaktionen Ihre Themen aktiv mit vollständiger Hintergrundinformation an und suchen Sie am besten das persönliche Gespräch. Hier erfahren Sie meist schnell, unter welchen Bedingungen eine Zusammenarbeit überhaupt denkbar sein könnte. Werden Sie aber in keinem Fall penetrant oder drängend, wenn sich die Redaktion nicht direkt überzeugt zeigt. Gerade dann werden Sie nämlich auf Granit stoßen und in der Redaktion als «unangenehm» in Erinnerung bleiben.

Eine Aussicht auf Erfolg haben vor allem Informationen zu Produkten, die den Markt verändern, oder Themen, bei denen es sich um etwas total Neues oder Einzigartiges handelt. Der *human touch* der jeweiligen Story zeigt ebenso einen wirksamen Effekt, und seit einigen Jahren spielt das *Video-Footage* in vielen Fällen eine entscheidende Rolle, ob ein Beitrag für das Fernsehen produziert wird. So wie viele Pressemitteilungen mit ausgezeichnetem Bildmaterial eine größere Veröffentlichungschance haben, verwendet auch das Fernsehen gern vorgefertigtes Videomaterial eines Unternehmens, um einen Beitrag zusammenzustellen.

Beim Video-Footage handelt es sich um rohes Filmmaterial, das TV-Redaktionen kostenlos zur Verfügung gestellt wird und den TV-Produktionsfirmen viel Geld und den TV-Redakteuren viel Arbeit spart. Voraussetzung dafür sind natürlich seriöse und glaubwürdige Materialien, die nicht zu sehr in die Selbstbeweihräucherung abschweifen.

Eine nicht immer erfolgreiche, aber häufig angewendete Vorgehensweise ist die Verquickung des eigenen Produkts mit der Bekanntheit eines Prominenten. Dessen visueller Aufhänger reizt die TV-Redaktionen, und die Aussicht auf Sendezeit scheint verlockend, doch in vielen

Fällen wird das Produkt oder Unternehmen aus dem Beitrag herausgeschnitten oder verblasst hinter der Präsenz des Prominenten. Das Risiko, viel Geld für nichts zu investieren, ist doch immens.

Hat das Fernsehen angebissen und sich bereit erklärt, einen Beitrag über ein touristisches Produkt oder ein Interview mit dem Firmenchef zu drehen, ist eine gute Vorbereitung und viel Zeit die halbe Miete. Seien Sie sich dabei stets bewusst, wer hier genau zu Ihnen kommt. Ist es die Reisesendung «Die schönsten Plätze der Erde» oder das Wirtschaftsmagazin «Kritisch unter der Lupe» – zwei unterschiedliche Konzepte mit gänzlich verschiedenen Vorgehensweisen und Zielpublikum.

Die Spielregeln des Fernsehens sind völlig andere als die der Printmedien: «Sendezeit ist Geld» und das Wesentliche muss in wenigen Minuten auf den Punkt gebracht werden.

Wer also glaubt, wenn das Fernsehen kommt, bedeute dies automatisch minutenlange Beiträge, der hat sich geirrt. Die Enttäuschung bei den Beteiligten ist oftmals groß, wenn der Beitrag schließlich gesendet wird und nur der Hauch von dem gezeigt wird, was sich da vielleicht an mehreren Drehtagen abgespielt hat.

Besonders entsetzt sind oft Personen, die für den Beitrag sehr ausführlich interviewt wurden und im fertigen Beitrag nur noch einen oder zwei losgelöste Sätze ihres Interviews finden. Die meisten Journalisten sind fair und wollen nichts anderes, als ihre Botschaften möglichst interessant und verständlich an ein großes Publikum vermitteln.

Es gibt allerdings auch eine Spezies Reporter, die vor allem bei skandalbesetzten Themen eine fertige Geschichte im Kopf haben und die Interviewten mit allen Mitteln zu bestimmten Statements bewegen möchten. Sagen die Interviewten nicht, was der Reporter hören will, werden entsprechende Aussagen so zurechtgeschnitten, bis die für den Journalisten passende Aussage entsteht. Wichtig ist daher vor allem eine gute Vorbereitung, um möglichst professionell aufzutreten. Klären Sie mit dem Redakteur vorher schon mal folgende Fragen ab:

• Welcher Zeitrahmen steht zur Verfügung?
• Warum soll gerade ich vor die Kamera?
• Wie wird mein Statement in den Beitrag eingegliedert?
• Welches Vorwissen kann vom Zuschauer erwartet werden?
• Welche Punkte werden im Interview zur Sprache gebracht?
• Wie beginnt der Einstieg ins Interview?
• Was soll ich anziehen?

Das Fernsehen ist das aufwändigste aller Medien, und es kann passieren, dass ein Fernsehteam für zwei Tage die volle Aufmerksamkeit von 20 Mitarbeitern in Anspruch nimmt, die Tagesabläufe im Unternehmen total in sich zusammenfallen und am Ende das sekundenlange Ergebnis in keinem Verhältnis zum Aufwand steht. Ein verständlicher Eindruck, der schon manchen dazu gebracht hat, seine Tür vor Fernsehreportern generell zu verschließen.

Ich kann Ihnen jedoch nur raten, trotzdem das Medium Fernsehen für Ihre PR-Zwecke zu verwenden. Ein guter Bericht im Fernsehen ist immer noch die begehrteste Form der Berichterstattung, da nicht nur sehr viele Menschen gleichzeitig erreicht, sondern auch viel stärker als bei jedem anderen Medium emotional berührt werden.

Dreharbeiten kosten unendlich viel Zeit, da ein gelungener Beitrag eine Dramaturgie hat, aus vielen zusammengeschnittenen Einstellungen besteht und die Kameraleute immer weitaus mehr Rohmaterial drehen, als hinterher im Film zu sehen ist. Dazu müssen noch die Drehbedingungen stimmen, das Licht, der Ton, und wenn möglich sollte eine entspannte und freundliche Atmosphäre mit dem Fernsehteam gewährleistet sein, die nicht von demonstrativer Ungeduld geprägt wird.

TV-PR stellt für die meisten Unternehmen und Kommunikations-Berater nicht selten die größte Herausforderung dar und verspricht im Erfolgsfall auch den größten Ruhm. Doch das kann auch ganz schön in die Hose gehen, und man schneidet sich schnell ins eigene Fleisch. Dies ganz besonders, wenn einem das Fernsehen einen unangekündigten Besuch abstattet und vielleicht unangenehme Fragen stellt.

Man kennt diese Situationen nur zu gut aus Formaten wie «Die Reporter», in denen ein investigativer Journalist plötzlich vor der Tür steht und drauflos redet. Ausflüchte, Blockaden, Aggressionen lassen Ihr Unternehmen da schnell ganz alt aussehen, und so etwas schürt den Verdacht, Sie hätten etwas zu verheimlichen.

Seien Sie daher offen, aber selbstbewusst. Lassen Sie sich nicht mit Sprüchen wie «Warum nicht sofort und hier – Sie haben doch nichts zu verbergen?» zu einer vorschnellen Aussage hinreißen. Vereinbaren Sie einen Termin und lassen Sie sich vorher eine Liste mit den zu besprechenden Fragen schicken. Auf Überraschungsbesuche brauchen Sie sich nicht einzulassen. Gegebenenfalls setzen Sie sich mit dem Justitiariat des Senders in Verbindung und pochen auf einen fairen Termin mit angemessener Vorbereitungszeit. Vergessen Sie aber eins nicht: Der Redakteur ist an einem fetzigen Bericht interessiert und wird auf jeden Fall seine Sicht der Dinge senden lassen. In solchen Situationen wird eine Lappalie recht schnell zum PR-Super-GAU.

Weitere Titel aus dem Orell Füssli Verlag

Achim Feige

Brand Future

Praktisches Markenwissen für die Marktführer von morgen

Welche Chancen und Probleme ergeben sich für die Markenführung in den nächsten Jahren? Welche Trends sind zu beachten? Der führende strategische Marken- und Trendspezialist
Achim Feige hat sieben eherne Gesetze der Markenführung
jenseits aller Marketing-Moden entwickelt.

Globalisierung, das Ende der Massenmedien und satte Kunden, die schon alles haben, machen es immer schwerer, eine
Marke zu führen und so dauerhaft Wert zu schaffen. Umso
wichtiger sind ein paar Regeln, die Erfolg versprechen. Der
Autor beschreibt gesellschaftliche und kulturelle Zukunftsper-
spektiven und zeigt die kommenden Megatrends (Alterung,
Kreatives Zeitalter) auf. So ergeben sich als Grundfragen: Was
wollen Kunden morgen? Wie nutze ich diese Trends, um neue
Märkte und «Nummer-1-Positionen» für meine Markezu erfin-
den? Ein fünfteiliger Leitfaden hilft, das Potenzial der eigenen
Marke in der Praxis individuell zu nutzen

224 Seiten, gebunden, ISBN 978-3-280-05240-2

orell füssli Verlag

Klaus Kobjoll

Wa(h)re Herzlichkeit

Kobjoll begeistert, weil er tut, was er sagt

Für Klaus Kobjoll sind Unternehmen Spielplätze für Erwachsene! Was braucht es für den Erfolg? Voraussetzung sind begeisterte Mitarbeiter, die von ihrer Sache begeistert sind und dafür wirklich brennen – egal ob jemand in der heutigen Zeit Produzent oder Dienstleister ist. Wie kommt man dahin?

Durch Herzlichkeit! Wahre Herzlichkeit ist auch die Ware Herzlichkeit und ein Schlüsselelement für alle Bereiche eines Unternehmens. O-Ton Kobjoll: «Die Schnäppchenjägermentalität finde ich eine Katastrophe, die sich durch alle Branchen durchzieht. Für uns ist ‹Rabatt› eine Stadt in Marokko.»

208 Seiten, gebunden, ISBN 978-3-280-05249-5

orell füssli Verlag